Die Oberlederfabrikation.

Die
Lederfabrikation.

Praktisches Handbuch
für die gesamte Lederindustrie

von

Joseph Borgman,
weil. Fabrikdirektor und Lehrer an der Lehrgerberei der
Deutschen Gerberschule zu Freiberg in Sachsen

und

Oskar Krahner,
Redakteur der Deutschen Gerberzeitung, Berlin.

Zweite, durchgesehene und neubearbeitete Auflage
der „Rotlederfabrikation"

herausgegeben von

Professor Dr. Hans Friedenthal

I. Teil: Die Unterlederfabrikation.
II. Teil: Die Oberlederfabrikation.

BERLIN W
VERLAG von M. KRAYN

Die

Oberlederfabrikation

Praktisches Handbuch

für die

Herstellung sämtlicher Oberledersorten

von

Joseph Borgman und **Oskar Krahner.**

2. durchgesehene und verbesserte Auflage

herausgegeben von

Professor Dr. Hans Friedenthal
Berlin

Mit 20 Abbildungen.

BERLIN W.
VERLAG von M. KRAYN
1923

Druck von C. Seifert, Köstritz (Thür.)

Vorwort.

Bei dem besonders vor einigen Jahren noch viel stärker als heute sich bemerkbar machenden immer weiteren Vorwärtsschreiten der Mineralgerbung schien es ein gewagtes Stück, die „Rotlederfabrikation“ zum Gegenstande eines neuen größeren Werkes zu machen. Jos. Borgman unternahm es dennoch: „ein wirklich gutes lohgares Leder wird trotzalledem nicht gänzlich vom Markte verdrängt werden“ — das war seine volle Überzeugung. Aber gut muß es sein, um dem ohne Zweifel sich durch hervorragende Eigenschaften auszeichnenden Chromleder gegenüber Stand halten zu können. Und um den Männern der Praxis in ihrer schwierigen Lage zur Hilfe zu kommen, entschloß er sich, seine Erfahrungen und Kenntnisse in der gesamten Fabrikation lohgarer Leder in einem Werke niederzulegen, dessen Vollendung er leider aber nicht mehr erleben sollte.

Nachdem etwa vor Jahresfrist der erste Band „Die Unterlederfabrikation“ bereits erschienen ist, übergebe ich hiermit auch den zweiten Teil, „Die Oberlederfabrikation“, der Öffentlichkeit, so daß das Werk nunmehr vollständig vorliegt. Der erste Teil fand allseits eine recht freundliche Aufnahme; dieselbe wünsche ich auch dem zweiten.

Wenn die Herstellung dieses Bandes etwas längere Zeit in Anspruch nahm, als anfangs angenommen wurde, so ist dies auf die großen Schwierigkeiten zurückzuführen, die mit der Sichtung und der Vervollständigung des hinterlassenen Manuskriptes verbunden waren.

Das Buch ist das Werk zweier Praktiker und auch in erster Linie für die Praxis geschrieben. Alles Wissenschaftliche ist denn auch gänzlich vermieden. Von dem Standpunkte ausgehend, daß gerade beim praktischen Geschäftsmann Zeit Geld ist, sind auch alle weitschweifigen Erörterungen über mehr oder weniger bekannte Vorgänge und Verrichtungen vermieden. Es konnten viele Kapitel deshalb sehr kurz gefaßt werden, weil die betr. Vorgänge bei anderen Ledersorten bereits beschrieben waren. An den betr. Stellen ist auf die einschlägigen früheren Abschnitte verwiesen, außerdem aber findet man in den einleitenden Kapiteln über das Allgemeine der Vorarbeiten, die Rohware etc. alles Nähere.

Möge denn das Buch ein willkommener Ratgeber werden für alle diejenigen, die der alten soliden Gerberei treu geblieben sind!

Berlin-Friedenau, im Mai 1905.

Oskar Krahner.

Vorwort zur zweiten, durchgesehenen und vermehrten Auflage.

Die Hauptveränderungen, welche die Oberlederfabrikation in den letzten Jahren durchgemacht hat, sind der fast abgeschlossene Übergang der Gerbeindustrie, also auch der Oberledergerbeindustrie, vom Handwerk zum industriellen Großbetriebe.

Die von Josef Borgman herausgegebenen Bücher mit ihren bis ins einzelne durchdachten und der Praxis entnommenen Ausführungen für den Handwerker haben durch diesen Übergang der Lederindustrie zum Großbetriebe durchaus nicht an Wert verloren, sondern es ist strenge darauf zu halten, daß jeder, der sich mit der Lederbearbeitung befaßt, zunächst diesen alten handwerksmäßigen Betrieb von Grund aus kennen lernt und die in diesem Buche gegebenen Anweisungen genau befolgen lernt, selbst wenn im Großbetriebe diese Verfahren sich bedeutend vereinfacht haben sollten.

Wie jeder Organismus in abgekürzter Reihenfolge die früheren Entwicklungsstufen wiederholt, so müßte auch in der Industrie jeder darin praktisch Tätige zunächst das frühere Handwerk von Grund aus kennen gelernt haben. Wenn jetzt etwa 75 Prozent aller Oberleder nach dem Mineralgerbeverfahren hergestellt werden, so verweist der Herausgeber bezüglich der Technik dieser Mineralgerbungen auf das im gleichen Verlage erscheinende Werk: „Die Eisen- und Alaungerbung", in welchem die dahin gehörigen Angaben gebracht werden.

Bezüglich der Lohgerbung wird es wohl kaum möglich sein, präzisere und genauere Vorschriften zu bringen als sie in dem vorliegenden Werke von Borgman gebracht worden sind.

Für große Teile der Erde ist die Pflanzengerbung noch immer ein sehr wichtiger Industriezweig, und bei den Verkehrsschwierigkeiten und Wirren, welche die Zeit nach dem Weltkriege gebracht hat, wird in den verschiedensten Ländern auf die altbewährte Methode der Lohgerbung mit Vorteil wieder zurückgegriffen werden müssen.

Der Herausgeber entläßt das Buch in der sicheren Zuversicht, daß diejenigen, welche nach den gebrachten Vorschriften arbeiten, gute Resultate zu verzeichnen haben werden.

Berlin, Februar 1923.

Prof. Dr. Hans Friedenthal.

Einleitung.

Jeder Gerber weiß, welche Schwierigkeiten es in sich birgt, die Operationen der Gerberei so zu leiten, daß das Resultat nach allen Richtungen hin ein befriedigendes ist. Ich glaube annehmen zu dürfen, daß unter hundert Kollegen sich keine zehn finden, die in ihrer Praxis gar keine Mißerfolge erlebt haben.

Wäre das Gerben nur eine mechanische Verrichtung, so würde es leicht sein, die Gerberei auf Grund genügender Handfertigkeit oder gar mit Hilfe entsprechender Maschinen zu beherrschen; allein die Hauptmomente, die dabei erforderlichen Zersetzungs- und Umwandlungsprozesse, entziehen sich dem Auge und sind meist erst dann zu beurteilen, wenn sie sich bereits vollzogen haben. Was sich dann als verfehlt kennzeichnet, ist meist nicht, niemals aber vollständig wieder gut zu machen.

Jahrelange praktische Studien gehören dazu, ein vollständiges, geschlossenes Arbeitssystem zur Erzielung einer vollkommen guten Ware in die Gewalt zu bekommen, und es ist für den strebsamen Gerber eine große Erleichterung, wenn er weiß, daß es eine Fachliteratur gibt, welche ihm seine schwere Aufgabe erleichtern hilft.

In Anbetracht dessen hat sich der Verfasser bemüht, die Vorgänge auch bei der Oberlederfabrikation in einfacher Sprache klarzulegen. Die Lederfabrikation hat in bezug auf Herstellungsweise der einzelnen Ledersorten, auf das Maschinenwesen und die Zurichtung des Leders in der Neuzeit wahrhaft großartige Fortschritte gemacht, so daß es dem einzelnen Gerber nur willkommen sein wird, diese Fortschritte in Wort und Bild vor sich zu haben.

Inhaltsverzeichnis.

Die Oberlederfabrikation.

Die Oberlederfabrikation hat in neuerer Zeit eine größere Anzahl Veränderungen von mehr oder weniger großer Bedeutung sowohl in bezug auf Gerbung als auf Zurichtung erfahren, von welchen zwar nicht alle als effektiver Fortschritt angesehen werden können, deren Gesamtheit jedoch auch diesen Zweig der Lederindustrie entschieden um ein Bedeutendes emporgebracht und dessen Gebiet bedeutend erweitert hat. Es hat sich in letzter Zeit bereits eine gewisse Spezialisierung — wie sie in einigen anderen Ländern schon lange intensiv ausgeprägt ist — herausgebildet. Eigens für die Herstellung ganz bestimmter Ledergattungen sind besonders eingerichtete Fabriken und Gerbereien entstanden und noch weitere Etablissements dürften bald zu dieser Spezialisierung in der Erzeugung gedrängt werden.

Zahlreich sind die Artikel in Oberleder, welche heute der Konsum infolge der Mode verlangt und andererseits von der Industrie für diese erdacht und zur Verfügung gestellt werden. Wir sehen heute Schaf-, Ziegen- und Kalbleder in allen erdenklichen Zurichtungsarten und in den verschiedenen Gerbungen, naturfarben, schwarz und gefärbt; die vielen Roßlederartikel, Kipse und Fahlleder, von welch letzterem neuerdings durch Anwendung der Spaltmaschine, insbesondere der Bandmesserspaltmaschine, wieder eine Reihe neuer Artikel eingeführt wurde.

Sie alle gehören in das Gebiet der modernen Oberlederfabrikation, die einzelnen Zweige stellen aber dennoch große Anforderungen in bezug auf technische Kenntnisse und Geschick an den Fabrikanten und verlangen von demselben große Erfahrung.

Die moderne Oberlederfabrikation hat in allen ihren Hauptunterabteilungen, als da sind die Erzeugung von Kalb-, Rind-, Roß- und Ziegenoberleder Änderungen erfahren, welche sowohl auf den Zurichtmethoden und diesen angepaßt auf der Gerbung, unter Berücksichtigung neuer Maschinen und Vorrichtungen basieren.

Wenn bei der Erzeugung von Unterledern in der Hauptsache Wert auf eine gute Gerbung, Festigkeit und Widerstandsfähigkeit, verbunden mit einer gewissen Elastizität, gelegt wird, so ist bei der Herstellung von Oberledern, welche einen Anspruch auf gute Qualität machen wollen, nicht nur eine durch hervorragende Gerbung erzielte Weichheit, Milde und trotzdem Zähigkeit, sondern auch ein angenehmes Äußere infolge einer vollkommenen Zurichtung nötig.

Um dieses zu erreichen, muß man nicht nur ein tüchtiger Gerber, sondern auch ein geübter Zurichter und in der Lage sein, im entscheidenden Augenblick persönlich mit den richtigen Mitteln eingreifen zu können. Man muß den praktischen Betrieb selbst praktisch mit durchgemacht haben.

Dieses praktische Arbeiten von der Pike auf soll bei einem zukünftigen Betriebsleiter oder Fabrikanten keineswegs dazu dienen, sich zum vollendeten Akkordarbeiter in jeder Verrichtung auszubilden. Die praktische Fähigkeit soll vielmehr dem Leitenden die Übersicht verschaffen. Sie lehrt ihn das richtige Erkennen zunächst des geeignetsten Häute- und Fellmaterials, des Verhaltens desselben in den einzelnen Phasen des vielseitigen Gerbereibetriebes, die rationelle Einteilung und Durchführung der Arbeiten und somit die geschickte Leitung des gesamten Betriebes.

Die Rohware.

Die rohe Haut oder das rohe Fell im grünen Zustande ist ein anderes Rohmaterial als eine gesalzene Haut oder ein gesalzenes Fell, beide erfordern demgemäß auch eine andere Behandlung sowohl beim Konservieren, wie beim Aufbewahren resp. Lagern, beim Wässern und Weichen bis schließlich beim Äschern.

Ganz anders will die getrocknete Haut behandelt sein, bis sie wieder in den ähnlichen Zustand zurückversetzt ist, in welchem sie sich vor dem Trocknen befunden hatte. Eine Rohware, sowohl grün als gesalzen und trocken, kann man gründlich nur im Gerbereibetrieb beurteilen lernen.

Der Häute- und Fellhändler hat ein großes Interesse daran, seine Ware im besten Zustande seinen Käufern vorzuführen. Ohne Gerber zu sein, wird deshalb auch mancher Händler eine Ware sehr gut zu beurteilen verstehen. Siehe Abbildungen 1 und 2.

Hat er seine Ware an den Gerber verkauft, und es zeigen sich in der Folge Übelstände, welche beim Einkauf nicht sichtbar waren, sondern erst im Laufe des Gerbeprozesses, häufig in den vorbereitenden Arbeiten zu erkennen sind, so wird der Händler dem Gerber begreiflich zu machen versuchen, daß er an diesen Übelständen keine Verantwortung trage. Der Gerber muß stets den richtigen Wert jeder

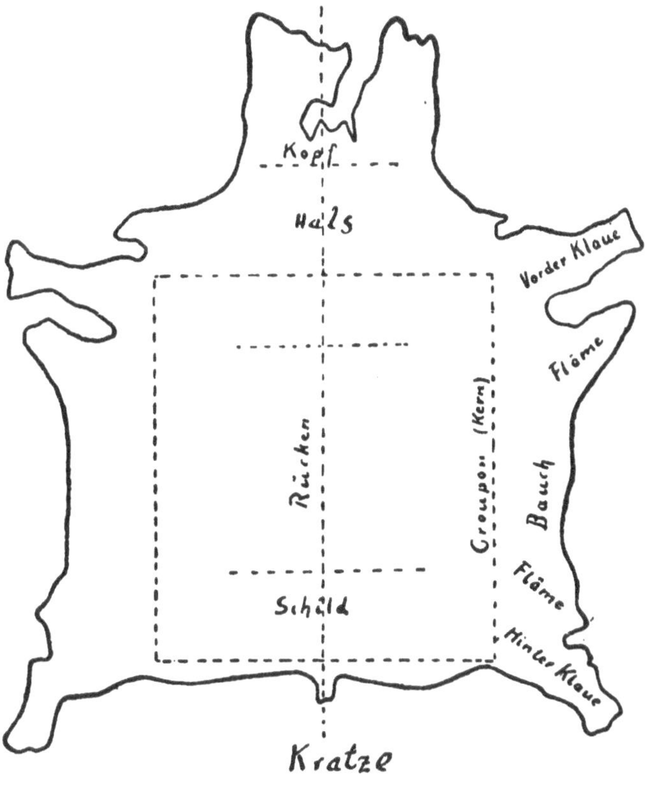

Fig. 1. Gut abgezogene Rinderhaut.

Rohware genau kennen. Hiermit soll nicht gesagt sein, daß es dem Händler darum zu tun sei, unkorrekte Manipulationen auf Kosten des Gerbers vorzunehmen; der Händler kann die Ware bona fide gekauft und wieder verkauft haben. Hierin liegt der große Unterschied zwischen der Bewertung der Rohware durch den Händler und durch den Gerber, ersterer kauft die Rohwaren, um solche bestmöglichst wieder zu verkaufen, während der Gerber dieselbe kauft, um sie in Leder umzugestalten; daher sollte der Gerber die Beschaffenheit der Rohware, die für sein Fabrikat in Betracht kommt, genau zu beurteilen verstehen. Denn im vorteilhaften Einkauf liegt vielfach der ganze Erfolg der Fabrikation.

Anschließend an die in Rotgerberei Teil I, Seite 6—27 aufgeführte Beschreibung von rohen Häuten und Fellen, soweit solche neben der Unter- auch zur Oberlederfabrikation dienen, folgen hier

Fig. 2. Mangelhaft abgezogene Rinderhaut.

einige Mitteilungen über die Eigenschaften der Rohware, welche sich nur zu Oberleder eignen. Die auf Seite 28—52 Teil I, gebrachten Erklärungen über den „anatomischen Bau der Haut" bleiben auch hier bestehen. Es sei jedoch nachträglich hier ganz besonders betont, daß einige der dort gemachten Angaben, wie die über den anatomischen Bau des Roßschildes etc., neueren Forschungen des Herrn Prof. Dr. Haenlein, des Direktors der Deutschen Gerberschule zu Freiberg (Sa.), zu verdanken sind.

Beim Einkauf der Rohware muß der Gerber zunächst genau wissen, welchem Zwecke dieselbe dienen soll. Die „Wissenschaft“ gibt uns keine ausreichenden Anhaltspunkte, nach welchen man bei der Beurteilung einer rohen Haut oder eines Felles vorzugehen hätte; die richtige Auswahl der Rohware zu einem bestimmten Zwecke der Oberlederfabrikation beruht ausschließlich auf praktischer Erfahrung und nur sorgfältige Studien durch Beobachten und Vergleichen der verschiedenen Sorten der Rohware können dem Gerber die Richtung angeben, nach welcher beim Einkaufe von rohen Häuten resp. Fellen vorzugehen ist.

Wie bereits betont, liegt eine der Hauptbürgschaften für das Prosperieren einer Lederfabrik im Einkaufe, d. h. in der richtigen Auswahl und Bewertung der Rohhäute für die bestimmten Lederarten.

Man hat die früher allgemein vertretene Ansicht, daß nur getrocknete Felle und Häute durchweg richtiges Oberleder zu geben vermögen, über Bord geworfen und herausgefunden, daß grüne oder gesalzene Felle sich auch für Wichs- und braunes Oberleder besser eignen als getrocknete, indem sie ein griffiges, in den Seiten volleres Leder geben als letztere. Ebenso wurden Kalbfelle bis vor nicht langer Zeit nur in getrocknetem Zustand gehandelt. In neuerer Zeit dagegen wird schon der größere Teil der Felle gesalzen gehandelt und in Arbeit genommen, und zwar meist für Kid-, braunes und schwarzes Wichsleder, fast immer aber für Satinleder.

Fast jede Gegend produziert verschiedene Qualitäten von Rohfellen, die auch in der Fabrikation einer abweichenden Behandlung bedürfen und verschiedene Lederqualitäten liefern. Wenn auch diese Abweichungen oft nicht so wesentlich sind, daß sie eine förmliche Änderung der Fabrikationsmethode bedingen, so müssen die Eigentümlichkeiten der verschiedenen Fellsorten doch in einzelnen Stadien der Verarbeitung wohl beachtet werden. Es ist demnach u. a. nötig, die Felle verschiedener Provenienzen streng auseinander zu halten; dann soll auch die Ware noch nach denjenigen Eigenschaften schon von vornherein auseinandergehalten werden, welche sie zu den verschiedenen Verwendungsarten als besonders geeignet erscheinen lassen.

Die Rohware muß unter allen Umständen gesund sein; die Behandlung, nachdem das Fell vom Tiere entnommen, soll eine korrekte sein, beim Abziehen dürfen dem Felle keine Schnitte,

Löcher etc. beigebracht werden und die Konservierung soll einwandfrei durchgeführt werden.

Häute resp. Felle von Tieren, welche krankheitshalber getötet werden mußten oder verendeten, sollen stets von den Fellen gesunder Tiere getrennt bleiben. Felle von ungenügend ernährten Tieren, ebenso Felle von solchen Tieren, welche aus unwirtlichen Gegenden stammen, sollten, da derartige Felle niemals so gutes Leder zu liefern imstande sind, von den Fellen gut gefütterter Tiere und denen aus kultivierten Gegenden stammenden ebenfalls getrennt eingekauft und aufbewahrt werden.

Auch hier denkt der Händler anders als der Gerber. Ersterer hat das größte Interesse lediglich daran, sämtliche Häute und Felle gut an den Mann zu bringen und leider werden vielfach, besonders von kleineren Firmen, keine Rücksichten darauf genommen, welche Normen seitens des Gerbers für Sortiment etc. aufgestellt sind.

Es ist deshalb unbedingt notwendig, daß der einkaufende Gerber ein guter Warenkenner ist und mit allen Merkmalen, welche kranke und minderwertige Rohware, sowie deren Herkunft und Abstammung kennzeichnen, genau bekannt ist. Denn so verschieden in bezug auf Qualität die Rohware aus den verschiedenen Gegenden ist, ebenso ungleich ist dieselbe in Stellung und Fülle. Es eignen sich daher auch die einen Provenienzen besser zu leichten, flachen Ledersorten, während andere Provenienzen schwere und volle Leder ergeben.

1. Das Konservieren.

Da es nun nicht immer möglich ist, die frisch geschlachtete, eben dem Körper des Tieres entnommene Rohhaut sofort in der Gerberei in Arbeit zu nehmen und zu Leder zu verarbeiten, so muß dieselbe auf irgend eine Art vor dem Verderben geschützt werden, denn ein mit so vielen, leicht zersetzbaren Stoffen angefüllter Körper kann nicht lange der Verwesung widerstehen, besonders in der warmen Jahreszeit. Je wärmer es ist, desto rascher stellt sich die Fäulnis ein. Im Winter dagegen ist keine oder nur eine sehr geringe Gefahr vorhanden, wenn die Rohhaut ausgebreitet und in ihrer ganzen Ausdehnung der Kälte ausgesetzt ist. Dabei gefriert das darin enthaltene Wasser, womit die Hauptbedingung zur Verwesung beseitigt ist, denn ohne Vorhandensein von Wasser und Wärme kann keine Fäulnis eintreten. Das Gefrierenlassen ist jedoch zu verwerfen, weil dabei Beschädigungen der Häute unvermeidlich sind.

Die erste Bedingung zur richtigen Konservierung des frischen Rohmaterials ist die Entziehung des Wassers auf dem schnellsten Wege, sei es durch bloßes Trocknen oder durch Salzen, Räuchern etc. Das Räuchern ist nicht mehr gebräuchlich, sondern fast ausschließlich das Trocknen und mehr noch das Salzen eingeführt. Die in den Handel kommenden Rohfelle befinden sich daher auch fast ausschließlich in getrocknetem oder gesalzenem Zustande.

a) Trockene Häute und Felle.

Trockene Häute oder Felle, welche eine glatte und reine Haarseite haben, sowie eine frische, klare Farbe auf der Fleischseite zeigen, nebst glatten Seiten und Klauen, können mit ziemlicher Sicherheit als gesund bezeichnet werden. — Zusammengeschrumpfte Häute oder Felle, oder solche mit struppigem, klebrigem Haar sind meistens mit irgend einem Übelstande behaftet. Die zusammengezogenen Stellen haben in ihren Falten nur sehr langsam trocknen können, wodurch fast immer der innere Teil der Rohhaut sich verändert und oft sogar derart Schaden genommen hat, daß die Eiweißsubstanz durch zu langes Feuchtbleiben der fauligen Gärung ausgesetzt war, welche bei allmählichem Fortschreiten auch weitere innere Teile zersetzt, zunächst aber den Narben verletzt und „verstunkene“ Stellen hervorruft. Eine Wiederherstellung der durch faulige Gärung gesprengten Zellen ist nicht möglich.

Getrocknete Rohware soll deshalb gleich bei der Ankunft aus den Ballen gelockert und auf den Grad der Trockenheit untersucht werden. Nicht ganz trockene Häute oder Felle müssen sofort zum völligen Austrocknen auseinander gelegt resp. aufgehängt werden; geschieht dieses nicht, so tritt Fäulnis ein und es zeigen sich bald verstunkene Stellen. Werden nicht genügend getrocknete Häute resp. Felle in größeren Stapeln aufeinander gehäuft, oder in Ballen fest zusammengeschnürt längere Zeit liegen gelassen, so entwickelt sich allmählich eine höhere Temperatur, bei welcher die feuchten oder feucht gewordenen eiweißhaltigen Substanzen koagulieren, d. h. sich zu einer unlöslichen Masse umformen und es ist ein gänzliches Erweichen solcher Stellen während des Gerbens ausgeschlossen, das Leder wird und bleibt „blechig“. Derartige Stellen werden mit „erhitzt“ bezeichnet.

Eine bei Zahmhäuten allerdings selten auftretende Erscheinung ist das „Verbranntsein", welches eintritt, sobald die rohen Häute oder Felle in direkter Sonnenglut getrocknet werden, wobei das aufsitzende Fett durch die außerordentliche Hitze in die Rohhaut hineingedrängt, die Eiweißsubstanz gerinnen gemacht und durch Festbacken und Zusammenschrumpfen der Mechanismus der rohen Haut zerstört wird.

Gespeilte und genagelte Felle, namentlich wenn solche sehr rasch getrocknet sind, erhalten leicht Sprünge durch Platzen des Narbens, weshalb diese sonst schön glatten Felle beim Einkauf sehr genau betrachtet werden müssen. Sie eignen sich zur Narbenlederfabrikation meistens nicht, unter Umständen aber vorteilhaft zur Wichslederfabrikation. Diese Art der Trocknung würde ohne diesen Übelstand die empfehlenswerteste sein; wird hierbei die erforderliche Vorsicht beobachtet, so kommen diese Beschädigungen auch seltener vor. Die Felle dürfen beim Aufspannen oder Nageln nicht stark angezogen werden, so daß der Narben dem beim Trocknen sich zusammenziehenden Fell zu folgen vermag. Gesprungene oder geplatzte Narbe läßt sich mit seltenen Ausnahmefällen beim Betrachten des Felles gegen das Licht erkennen.

b) Gesalzene Häute und Felle.

Bei gesunden Salzfellen und -Häuten soll die Fleischseite klar und rein, sowie frei von Blutlake, die Haarseite ohne Nässe und unnötigen Schmutz mit glattem, festaufsitzendem Haar und ohne intensiven Geruch sein.

Wo die Aasseite schmutzig, blutunterlaufen, die Haarseite naß, womöglich mit haarlosen Stellen behaftet und von sandigem Gefühl ist — da kann man überzeugt sein, daß etwas nicht in Ordnung ist. Dies ist der Fall, wenn ein zu spätes oder nicht genügendes Salzen stattgefunden hat, wobei alsdann haarlose Stellen entstehen, welche sich später als sogenannte Salzflecken herausstellen.

Hier ist das bei zu dünner Salzlösung in Lösung gegangene Eiweiß durch die Oberhaut ausgetreten, im Innern eine gewisse Leere zurücklassend. Bei zu schwacher Salzlösung löst sich ein Teil der Eiweißsubstanz, es tritt eine faulige Gärung ein und die Zerstörung beginnt. Derartige Rohware erfordert eine rasche intensive Konservierung, einen wirksamen Schutz gegen die fortschreitende Fäulnis. Hier hilft „Kochsalz" meist nicht mehr, es müssen Stoffe angewendet werden, welche die Eiweißsubstanzen der Haut nicht weiter erweichen, sondern die Fäulnis zum Stillstand bringen und die nicht zerstörten Teile der Felle bezw. Häute erhalten. Es müssen hier augenblicklich wirkende Antiseptica anwendet werden, wozu sich in der Chemie Mittel genug finden. Diese dürfen aber, trotz einer prompten Wirkung, den ferneren Operationen des Gerbeprozesses durchaus nicht hinderlich sein.

Hierzu eignet sich das „Chlorzink“ (Zn Cl) sehr gut in seiner wässerigen Lösung. Es genügt 1 Liter 33%ige Chlorzinklösung auf 1 Kubikmeter Wasser. Die der Fäulnis anheimgefallenen Rohfelle werden in ein solches Bad gelegt und bewegt, damit die Lösung überall hinkommen kann. Die Zerstörung hört dabei sofort auf, die noch unveränderten Eiweißsubstanzen werden gefestigt.

Bei Gebrauch von minderwertigem Salz oder Abfallsalz ist es ferner leicht möglich, daß ein nicht genügendes Konservieren stattfindet, was bei raschem Umsatz und schneller Verarbeitung der Häute zwar keine haarlosen Stellen zur Folge haben wird, aber an dem, dem Kenner nur zu bekannten, so charakteristischen intensiven Geruche zu erkennen ist. Bei solchen Häuten erscheinen bald die sogenannten „Rostflecke“, d. h. Stellen von „hochroter, rosa, auch rostbrauner“ Farbe. Die Eiweißsubstanzen beginnen oder haben bereits begonnen zu leiden und bereits die rote Farbe, ein Zeichen der Fäulnis, angenommen.

Sogen. echte Rostflecke können auf mannigfache Weise auf den Rohhäuten entstehen, überall wo eine solche mit Rost oder rostigen Gegenständen zusammenkommt, setzt sich Rost ab, besonders wenn die Haut in nassem oder feuchtem Zustande damit in Berührung kommt; man hat sich also bei allen Manipulationen vor Rost und Eisen zu hüten.

Faulflecke können, wie wir bei den einzelnen Operationen ersehen werden, auf mancherlei Art entstehen, heben sich beim fertigen Leder aber stets als „matte, dunkle, graue, gelbe oder braune“ Stellen ab.

Gut gesalzene Häute bezw. Felle können ohne Gefahr für ihre innere Güte längere Zeit aufbewahrt werden, wogegen zu wenig oder mit minderwertigem Salze gesalzene leicht dem Verderben ausgesetzt sind und am besten schnell in Arbeit genommen werden. Das „Kochsalz“ konserviert die Gebilde der grünen Haut durch seine fäulniswidrige Eigenschaft, wenn in konzentrierter

Form gegeben, erweicht aber auch die Eiweißsubstanzen und macht dieselben vorzüglich geeignet für den ferneren Verlauf des Gerbeprozesses. Es bildet somit ein Übergangsmittel von den Stoffen, welche das Fell erweichen, zu denen, welche konservieren. Es darf in letzterem Falle nicht mit dem Salze gespart werden, es muß „reichlich und in einem möglichst reinen Zustande“ gegeben werden, will man des Erfolges sicher sein.

Sollen Rohhäute zu Handelszwecken konserviert werden, so muß das Salzen der grünen Haut rasch vorgenommen und in der Weise durchgeführt werden, daß das den nassen Häuten gegebene Salz dieselbe nicht als Salzlake, sondern als körniges Salz reichlich umgibt und so das Wasser denselben entzieht; denn nur in dieser Form angewendet, schützt das Salz vor Verderben, ohne den Häuten Eiweißsubstanzen zu entziehen.

Häute bezw. Felle, welche vor dem eigentlichen Salzen längere Zeit in Salzlake gelegen, ferner solche mit langem Winterhaar, oder zu naß zu Packen zusammengefaltete, bei denen das körnige Salz infolgedessen geschmolzen und von den Häuten fortgelaufen ist, besitzen stets für den Gerber nachteilige Eigenschaften. Je nachdem die hierdurch hervorgerufene ungenügende Konservierung von kürzerer oder längerer Dauer gewesen, sind die Eiweißsubstanzen mehr oder weniger stark erweicht und den Häuten entzogen worden. Es ging aber damit die erste Grundlage zur Herstellung guten Leders verloren und ein nicht genügendes Aufgehen, hungeriges Aussehen und schlechtes Gewichtsrendement sind die unausbleiblichen Folgen bei der Bearbeitung solch schlecht behandelter und dadurch beschädigter Salzhäute resp. Felle.

Gesalzene Häute, welche in Packen in der Gerberei ankommen, sollen sofort auf ihren Zustand untersucht und in der Weise flach auseinandergelegt werden, daß der Rücken seiner ganzen Länge nach höher liegt, also die Feuchtigkeit ablaufen kann. Sind die Häute genügend mit körnigem Salze gesalzen, so ist keine Gefahr vorhanden; sind dieselben aber feucht oder mit Salzmehl oder sonstigem untergeordneten Salz behandelt, so müssen dieselben durch Abklopfen davon befreit und mit frischem, körnigem Salz nachgesalzen werden.

c) Geräucherte Häute und Felle

kommen nur noch selten im Handel vor, und es soll hier nur der Vollständigkeit halber auch diese Art der Konservierung erwähnt werden. Ein richtig geräuchertes Rohfell soll keine wesentlich dunklere Farbe haben, als ein auf andere Weise konserviertes. Das Räuchern hat nur den Zeck, die Haut mit einer geringen Menge Karbolsäure, welche ein Bestandteil des Rauches ist, zu imprägnieren und dieselbe hierdurch vor Fäulnis zu schützen. Ein solches Fell hat weniger von seinem Wassergehalt verloren, und daher geht das Wässern derartiger Rohware leicht und schnell vonstatten. Beim Weichen muß hier, ebenso wie bei der mit Desinfektionspulver eingestreuten Rohware vorgeschrieben, mindestens zweimal frisches Wasser gegeben werden.

2. Lagern trockener Häute und Felle.

Das Lagern der trockenen Häute und Felle muß unter allen Umständen in luftigen trockenen Räumen geschehen, in keinem Falle darf Feuchtigkeit vorhanden sein, da sonst die Rohware stockig werden würde. Bei Ankunft der trockenen Häute werden dieselben auf den Trockenheitszustand untersucht und, wenn für gut befunden, „sortiert“. Da die Rohhäute größtenteils nach Gewicht verkauft werden, so hat sich hier ein annähernd gutes Trocknen eingebürgert — d. h. der Gerber wird schlecht getrocknete Ware nicht abnehmen —, so daß die Ware gleich sortiert werden kann. Andernfalls muß die feuchte Ware erst nachgetrocknet werden.

Die Ware wird nach Gewicht, Stärke, Geschlecht und Stellung sortiert und nach Nummern, welche die Stärke resp. Größe repräsentieren, gesondert auf Haufen gelegt. Minderwertige Häute, seien es verschnittene, löchrige oder beschädigte, werden besonders und zwar als „Ausschuß“ heraussortiert. Köpfige und unköpfige Felle werden ebenfalls getrennt gehalten. — Auf diese Weise wird eine Gleichheit der einzuarbeitenden Partien hergestellt, so daß jede Haut bezw. jedes Fell in je einem solchen Haufen dem anderen an Stärke, Stellung und Gewicht ziemlich gleich ist, es wird dadurch dem Gerber die Durchführung der verschiedenen Manipulationen beim Gerbeprozeß wesentlich erleichert.

Das Lagern der trockenen Rohhäute darf anfangs nicht in hohen Haufen geschehen, sondern nur in kleinen Stapeln, jeder Stapel frei stehend, d. h. mit einem hinreichend breiten Zwischenraum vom nächsten entfernt, damit genügender Luftzug vorhanden und eine Prüfung von allen Seiten möglich ist. Diese Stapel müssen alle acht Tage umgesetzt werden, bis man ganz sicher ist, daß keine

Ausdünstung mehr stattfinden kann und ein noch so geringes Erwärmen unmöglich ist. Dann können die nunmehr ganz trockenen Leder in größere Haufen umgestapelt werden.

Mit Eintritt der wärmeren Jahreszeit entwickeln sich die Schaben, ein bekannter großer Feind der Rohware, und eine weitere Hauptsorge ist die, dieses Ungeziefer fernzuhalten resp. zu entfernen. Da für das Fernhalten desselben noch kein Mittel gefunden ist, so muß desto energischer das Entfernen besorgt werden. Zu diesem Zweck sind sämtliche trokkenen Häute bezw. Felle zum mindesten jede Woche einmal sorgfältig auszuklopfen, wobei ev. vorhandenes Ungeziefer herausfällt. Die am Boden liegenden Maden etc. müssen dann sorgfältig entfernt werden, damit sie nicht wieder in die ausgeklopfte Rohware zurückkriechen können. Die zusammengefegten Schaben, Würmer und Eier werden am besten durch kochendes Wasser vernichtet oder verbrannt. Auf den Kehricht- oder Dunghaufen dürfen dieselben nicht geworfen werden, da solche dort weiter vegetieren und von da aus neuen Schaden anrichten. Das wiederholte Ausklopfen muß bis Eintritt der kühleren Jahreszeit fortgesetzt werden.

Seit mehreren Jahren hat man bereits verschiedene chemische Präparate empfohlen, welche ein Aufkommen der Schaben verhindern sollen, so z. B. das Naphtalin. Zu empfehlen sind diese Mittel unter allen Umständen, weil dieselben immerhin sehr guten Schutz gewähren, ob sie aber das Ausklopfen ganz zu ersetzen imstande sind, ist bis heute noch nicht nachgewiesen worden, aber ein häufiges Ausklopfen braucht beim Benutzen dieser Mittel nicht mehr stattzufinden.

Im Lagerraum ist ferner für möglichst intensiven Luftzug zu sorgen, gegen feuchte Nachtluft und sonstige feuchte Witterung muß aber der Lagerraum durch Schließen der Öffnungen geschützt werden.

Aus diesen Erläuterungen geht also hervor, wie die Beschaffenheit der Rohware sein soll und wie dieselbe behandelt werden muß, bis solche in Arbeit genommen wird. Wir verweisen außerdem auf die im I. Teil Seite 52—70 befindliche Beschreibung über „Konservieren" der Rohhäute und deren „Aufbewahrung".

Wir kommen nun zur Betrachtung derjenigen Stoffe, welche zu Hilfe genommen werden, um aus der tierischen Haut die „reine Blöße" herzustellen, und welche Operationen stattfinden müssen, um dieses bewerkstelligen zu können.

Die Hilfsstoffe zur Behandlung der Haut bis zur Blöße.

1. **Ätznatron,** Natriumhydroxyd oder Laugenstein hat sich als Zusatz zum Weichwasser, sowohl zum intensiveren, als auch zum rascheren Erweichen ohne Schädigung der Hautmasse bewährt. Es löst wenig Hautsubstanz und beeinträchtigt infolgedessen nicht das Lederrendementsergebnis. Bei fetthaltigen Häuten und Fellen ist es sehr zu empfehlen, da ein Zusatz davon das Fett zu verseifen, in lösliche Form zu bringen und beim mechanischen Bearbeiten herauszubringen hilft. Das Ätznatron wird in warmem Wasser gelöst, und zwar gibt man ca. 1 kg auf 1 cbm heißes Wasser. Die Rohhäute quellen zunächst etwas auf, verfallen aber sofort wieder, sobald dieselben in reinem Wasser abgespült werden, und die Dauer der Weiche wird bedeutend abgekürzt. Das Mittel ist besonders bei hartgetrockneter oder sehr lange gelagerter Rohware zu empfehlen.

2. **Antikalzium** enthält als wirksame Bestandteile größere Mengen Kresolsulfosäure, dient zum Entkälken und wirkt zugleich fäulniswidrig, ist deshalb für Gerbereien mit schlechtem Wasser, namentlich bei schweren Ledersorten, sehr zu empfehlen, leider aber noch zu teuer.

3. **Arsenik** wird zum Anschärfen des Äschers gebraucht, namentlich bei trockenen Häuten. In starkem Maße dem Äscher zugesetzt, wird die zartere Rohware, z. B. das Kalbfell, davon angegriffen, was im weiteren Verlaufe der Wasserarbeiten große Verluste an Eiweißsubstanzen verursacht, woraus loses und schwammiges Leder resultiert. Eine übermäßig starke Arsenikgabe zieht die Haut im Innern so fest zusammen, daß diese die Aufnahmefähigkeit für Kalk etc. zum großen Teil einbüßt.

4. **Chlorzink** wird als Präservativ gebraucht, wirkt sehr stark desinfizierend ohne jegliche nachteilige Folgen für die Haut und den folgenden Gerbeprozeß. 1 Liter 33%ige Lösung genügt zu 1 cbm Wasser. Ist in heißem Wasser zu lösen.

5. **Kalk** kommt in der Natur als „kohlensaurer Kalk“ vor, in den größten Mengen als Kalkstein, Marmor, Kreide, Kalkspat etc. und wird durch „Brennen“ zu dem wirksamen „gebrannten Kalk“ überführt. ‚Kohlensaurer Kalk“ verliert beim Brennen 44% an Gewicht, an Volumen aber nur 10—15%.

mithin ist der gebrannte Kalk porös und leichter (spez. Gew. 2,3). Beim Löschen muß man den Kalk mit mehr Wasser übergießen, als er zur Bindung bedarf (2,5—3 Teile), weil er nur in diesem Falle einen voluminösen, zarten Brei liefert. Dieser fühlt sich fett, schlüpfrig und zähe an; ist er aber von Natur aus magnesia- und tonreich, so ist er meist wenig geschmeidig und mager. Man unterscheidet danach auch „fetten und magern“ Kalk.

Ersterer gibt mit 2,5 Teilen oder 3,2—3,6 Volumen Wasser das 2,5 fache Gewicht oder 3,2—3,6 Volumen Kalkbrei (so weit abgetrocknet, daß er Risse bekommt); magerer aber mit 2,5 Volumen Wasser nur das 2 fache Volumen Brei. Man sagt daher fetter Kalk wächst oder gedeiht besser als magerer. Ist der gebrannte Kalk dunkel oder graugelblich, so enthält derselbe Eisenoxyd.

Der Kalk verhält sich Säuren gegenüber stark basisch, geht aber mit vielen Säuren im Wasser unlösliche oder schwerlösliche Verbindungen ein. Das „physikalische Verhalten“ des Kalkes in bezug auf sein Lösungsvermögen macht es unmöglich, sich stärkere oder schwächere Brühen herzustellen. Erst in 1000 Liter Wasser wird rund 1 kg Kalk wirklich gelöst; als wirksame Substanz im Äscher ist demnach nur diese Lösung zu betrachten und nicht der beim Ablöschen erhaltene Kalkbrei.

6. **Salzsäure** siehe Teil I Seite 160.

7. **Schwefelnatrium** dient als Zusatz zur Weiche zum Erweichen getrockneter Häute, als Zusatz zum Äscher, auch zur Haarlockerung. Das Schwefelnatrium hat sich in neuerer Zeit sehr stark eingeführt und wird in großen Mengen mit bestem Erfolg verwendet. Wir lernten dasselbe bereits in Band I bei den einzelnen Ledersorten kennen und kommen darauf auch noch später zurück.

8. **Wasser**, siehe I. Teil, Seite 114.

Die Wasser-, Äscher- und Reinemach- oder vorbereitenden Arbeiten.

Unter den vorbereitenden Arbeiten sind die Manipulationen zu verstehen, welche mit den Rohhäuten vorgenommen werden müssen, um solche von allen Anhängseln zu befreien, welche bei den Operationen zur Vorbereitung zum Gerbeprozeß und zum Gerben selbst hinderlich sind. Dies sind:

1. Beseitigung der fremden Körper durch Wässern und Weichen. Entfernung der Konservierungsmittel (Salz), des Belags bei belegten Wildhäuten etc.

2. Beseitigung der Anhängsel durch mechanische Bearbeitung und zwar von Blut, Schmutz, Fleisch, Fett, Knochen, Hörnern, Sehnen, Hufen, Klauen, Haaren, der Wolle, der Epidermis und des Unterhautgewebes.

3. Reinigen der Häute bzw. Blößen von Kalk etc. und Fertigmachen derselben zur Gerbung.

I. Das Wässern.

Bei der Oberlederherstellung gilt dasselbe wie für Unterleder; auch hier muß für die Erhaltung einer gesunden Hautmasse in größtmöglichem Maße gesorgt werden. Und zwar muß dieser Grundsatz bereits in der Weiche gelten.

Bei grünem Hautmaterial sollen nur gewisse lösliche Bestandteile entzogen werden, welche sonst Übelstände zeitigen würden: dieses sind Blutserum, Lymphe, auch lösliches Hautplasma. Anhängender Schmutz, Mist etc. müssen natürlich ebenfalls sauber entfernt werden, da alle diese Anhängsel rasch in Fäulnis übergehen und nur die Äscher verderben würden. Grüne Felle werden sofort, wenn sie aus der Schlächterei kommen, zum Auswässern, bzw. Ausbluten gebracht. Für diese Operation ist das Brunnenwasser wegen seiner Reinheit und seiner niedrigeren Temperatur ganz besonders geeignet.

Das Blut, mit welchem das Fell meist noch stark durchsetzt ist, ist eine Substanz, welche sich noch viel früher zersetzt resp. fault, als die Haut selbst, und es ist deshalb notwendig, mit demselben der Haut eine Bedingung zu entziehen, welche die Fäulnis einleitet und fördert.

Die Felle werden ausgebreitet in das Weichgeschirr geworfen und mit einer Stange untergetaucht, wobei man vermeiden muß, zuviel Felle in ein Geschirr zu bringen, da auf diese Weise das Auswässern sehr unvollständig vor sich gehen würde.

Ein Geschirr von ca. 3 cbm Inhalt ist für das Auswässern von 100 Stück schweren grünen Kalbfellen gerade ausreichend. Schon nach 6 Stunden im Sommer und nach 12 Stunden im Winter werden die Felle aus der Weiche genommen, das Wasser abgelassen, das Geschirr mit dem Besen gereinigt und von neuem mit frischem Wasser gefüllt, worauf die Felle wieder ins Wasser gebracht und abermals, je nach der Jahreszeit, 6—12 Stunden darin belassen werden. Das Weichwasser zu erneuern, ist bei grüner Ware eine unbedingte Notwendigkeit, die zwar jedem Gerber einleuchtet, der aber trotzdem nicht immer Rechnung getragen wird. Das schnell faulende Blut macht die ganze Weiche zu einem gefährlichen Verseuchungsherd für die darin befindlichen Häute resp. Felle. Nebenbei sei bemerkt, daß dieses Weichwasser vortrefflich für die Berieselung von Wiesen und Gemüsegärten sich eignet und in vielen Gerbereien, wo es die Niveauverhältnisse ohne größeren Aufwand an Arbeitskraft gestatten, mit bestem Erfolg zu diesem Zwecke verwendet wird. — Nach dem zweiten Wässern werden die Felle untersucht, ob sie gehörig ausgeblutet sind, was man daran erkennt, daß die Fleischseite weiß ist und die Adern sich nicht mehr durch ev. Blutgehalt rot und blau markieren. Wenn ersteres der Fall ist, werden die Felle leicht gestreckt. Wenn auch dies Strecken hier nicht ein Auseinanderziehen, ein mechanisches Weichmachen derselben, wie bei getrockneten, sein soll, so ist diese Operation dennoch hier am Platze und durchaus nicht so unnötig, wie viele Gerber glauben, da dadurch die letzten Partien Blut und sonstige störende Bestandteile aus den Gefäßen, welche die Haut durchziehen, herausgepreßt werden.

Nach dem Strecken erfolgt ein abermaliges sechsstündiges Wässern, worauf die Felle aufgeschlagen, am besten flach über einen Schabebaum gebreitet und abrinnen gelassen werden, um nun in den Äscher zu gelangen.

In besonderen Weichbassins mit zu- und abfließendem Wasser, auf welchen zwei Haspeln angebracht sind, welche in entgegengesetzter Richtung arbeiten, sind die Häute bzw. Felle schon in einer Stunde rein. (Bassin: 4,50 m Durchmesser, 1,20 m tief.)

II. Das Weichen.

Das Weichen ist im I. Teil Seite 121 ausführlich beschrieben worden und wäre dem nichts mehr hinzuzufügen, wenn hier nicht auf einen besonderen Punkt aufmerksam gemacht werden müßte, nämlich auf das Weichen in alter Weichbrühe.

Die Benutzung alter Weichbrühe hat sich als geradezu verderblich für die Häute und besonders Felle herausgestellt. Die dabei allmählich in Lösung gehenden Teile der Haut können durch kein frisches Wasser, viel weniger einen Äscher, überhaupt in keiner Weise wieder befestigt und der Haut erhalten werden. Hier kann ein angewendetes Antisepticum wohl der weiteren Zersetzung vorbeugen, aber „Verlorenes“ kann es nicht wieder ersetzen. In einem derartigen Weichwasser geweichte Rohhäute sind sehr rasch überweicht, von großer Mattigkeit und Schlaffheit. Die alte Brühe dringt mit aller Gewalt durch die Haut hindurch, löst mit derselben Vehemenz die weichere Hautsubstanz, versetzt dieselbe in einen Zustand beginnender Fäulnis, und hieraus erklären sich ohne weiteres all die überaus empfindlichen späteren Fehler wie die zahlreichen Narbenbeschädigungen, die Leere des Leders, sowie die Rauheit der Fleischseite etc.

Es ist nicht nötig, daß die Rohhäute aus der Weiche wie lauter Waschlappen hervorgehen, im Gegenteil, dieselben müssen trotz aller Weichheit Stand haben und sich kräftig anfühlen. Sie sollen nur nicht blechig sein, wenn sie in den Äscher gelangen, dann kann eine solche Rohware auch im Äscher gründlich behandelt werden ohne nachteilige Folgen.

III. Das Strecken.

Das Strecken auf dem Baume von Hand oder mit der Streckmaschine als mechanischer Beihilfe der Weichoperation liefert, wenn es sich um die Bearbeitung von Kalbfellen handelt, schon eine viel gediegenere Arbeit als das Walken, und zwar sowohl in bezug auf einen besseren Effekt in der späteren Erweichung, da hierbei die mit der Hautfläche nahezu parallel geführten Stöße eine sachgemäßere Bearbeitung des Hautgewebes gewährleisten, gegenüber den mehr oder weniger senkrecht auf die Haut geführten Schlägen des Walkhammers, als auch in bezug auf die notwendige Schonung des Felles. Hierbei wird nämlich die Bearbeitung der verschiedenen Hautpartien entsprechend der Beschaffenheit und dem Zustand des Felles mehr oder weniger kräftig ausgeführt, jedes Fell also so behandelt, wie es sein Zustand erfordert, während beim Walken ein Fell so stark geschlagen wird, wie das andere.

Schwere Felle werden auf dem nackten Baume, leichte und mittlere auf einem Sattel von 2—3 Fellen bearbeitet. Man nimmt die Felle entweder nach der Quere oder nach der Länge vor. Auf dem Rücken und den übrigen starken Partien wird mit kurzen, geschlossenen Stößen das Zellgewebe bis zur Ader vollständig aufgebrochen und das Fleisch schon teilweise entfernt, an den schwachen leeren Partien bricht man das Unterhautzellgewebe nicht auf, sondern überfährt diese Teile schonend, und nimmt nur das gröbste Fleisch davon ab. Dieses Vorgehen hat den Zweck, daß die schwachen Partien des Felles durch den Druck bei der Bearbeitung nicht ganz leer und lappig werden, daß ferner diese Teile gehoben bleiben, die Flanken nicht ausgearbeitet werden, das Fell größere Egalität erhält und nicht abfällig wird.

Fast noch schwieriger als die mechanische Unterstützung der Erweichung wird das Strecken durch die bei dieser Operation gleichzeitig erfolgende Entfernung der den Rohfellen noch anhängenden Unterhaut, welche Blutgefäße, Nervenstränge, Drüsen und Fettgewebe in reicher Menge enthält. Der Inhalt der genannten Organe, wie Blut, Nervenmark, Drüsensekrete etc., geben den Fäulnisfermenten einen reichen Nährboden und befördern daher das Faulwerden der Weichbrühe sehr, während das in den Fettzellen enthaltene Fett den Wasserzutritt in das Hautinnere hindert. Wird aber das Unterhautgewebe durch die Operation des Streckens gründlich entfernt, so vollzieht sich die nachfolgende Erweichung umso rascher und gesünder, wobei auch eine Ersparnis an Weichwasser erfolgt, wenn letzterer Faktor mit in Betracht gezogen werden muß.

IV. Das Äschern.

Die Aufgabe, welche dem Äscher in der Oberlederfabrikation zufällt, ist zweifacher Art, und zwar soll erstens dadurch eine Haarlockerung zwecks Entfernung der Haare von der Haut bewerkstelligt und zweitens das bewirkt werden, was man in der Kunstsprache mit Lockerung des Hautgewebes bezeichnet, worüber man sich allerdings gewöhnlich ganz andere Vorstellungen macht, als den tatsächlichen Vorgängen entspricht.

Beide Aufgaben werden aber nicht beim Äscherprozeß durch ein und dasselbe Agens, also durch den Kalk, wie angenommen wird, gelöst, sondern durch zwei Mittel. Wenn man in einem ganz frisch mit gelöschtem Kalk und frischem Wasser angestellten Äscher Felle einbringt, so werden diese wohl rasch auflaufen, jedoch in viel späterer Zeit das Haar lassen, als Felle, welche man in einen älteren Äscher brachte, welch letztere aber wieder weniger schwellen, sondern matter bleiben. In dem frischen Äscher hat man nur Kalkhydrat, welches die Hebung oder Schwellung der Haut bewirkt, wohingegen in dem gebrauchten oder alten Äscher neben Kalkhydrat verschiedenartige Zersetzungsprodukte sich vorfinden.

Das reine Kalkhydrat hat also die Eigenschaft, die Bindegewebesubstanz und mit dieser das ganze Hautgewebe zu heben und aufzuquellen; weiter wird dem Kalkhydrat noch die Eigenschaft zugeschrieben, aus der Hautmasse einen Bestandteil, die Interzellularsubstanz, Zwischensubstanz oder Protoplasma, wie sie noch genannt wird, aufzulösen, wobei diese dann der Haut entzogen wird. Diese Eigenschaft kommt aber dem Kalkhydrat nicht allein, sondern in noch weit höherem Maße jenen sich bildenden Zersetzungsprodukten zu, und auf diesen Vorgang ist auch die Haarlockerung zurückzuführen.

Durch die Lösung und Entfernung der Zwischensubstanz aus dem Hautgewebe erfolgt die für die Zwecke der Oberlederherstellung notwendige Hautlockerung, teils, weil die Hautfasern an Füllsubstanz verlieren, teils durch die Auflösung der groben Faserbündel in feinere. Für den Zweck der Haarlockerung eignet sich demnach nur der alte Kalkäscher, also jener, welcher die lösenden und hautlockernden Zersetzungsprodukte bereits enthält, während ein frisch gestellter Kalkäscher erst nach einiger Zeit diese Eigenschaft der Lösung und Lockerung besitzt, nachdem sich eben in ihm solche Zersetzungsprodukte gebildet haben, wohingegen er als frischer Kalkäscher die Eigenschaft des Schwellens in um so höherem Grade besitzt, je weniger er mit Zersetzungsprodukten beladen ist. Da nun aber diese Zersetzungsprodukte nicht nur den Haarboden auflockern, sondern auch Hautsubstanz lösen und damit das Hautgewebe stark lockern, so muß der alte Äscher auch nach dieser Richtung hin vorsichtig angewandt werden.

Ausgehend von der unbestreitbaren Tatsache, daß der Kalk einzelne Bestandteile aus der Haut teils entfernt, teils deren spätere Entfernung durch Lösung oder Aufquellung vorbereitet, betrachtet man eine längere Einwirkung desselben auf die Haut als einen Vorgang, durch welchen letztere an Substanz ärmer wird, und zwar um so mehr, je länger die Einwirkung dauert, was bis zu einem bestimmten Grade richtig ist. Daß dadurch auch die eigentliche Ledermasse durch Substanzverlust und Lockerung geschädigt wird, ist nicht so ohne weiteres richtig. Die Substanz, welche durch die Wirkung des Kalkes aus der Haut heraustritt, ist keine geformte, keine gewebsbildende, sondern jene, welche in die Gewebfaser eingelagert ist, dieselbe gewissermaßen füllt. Wird der Gewebefaser durch Kalk solche Füllsubstanz entzogen, so bleibt die erstere in ihrer eigentlichen die Faser bildende Masse unberührt, da eben Kalk auf diese wirkungslos ist, es bleibt demnach auch das Fasergewebe als solches intakt. Nun ist aber für Oberleder ein intakt gebliebenes Fasergewebe das Wichtigste, da sich in den Fasern des gegerbten Leders die durch den Kalk teilweise entzogene Füllsubstanz später durch Fett und Gerbstoff ergänzt. Es ist sogar der Vorteil für das Eindringen und für die Bindung des Gerbstoffes durch die teilweise Bloßlegung und bedeutende Vergrößerung der Oberfläche der Fasersubstanz ein ganz bedeutender, außerdem wird durch die Entfernung der natürlichen Füllsubstanz die spätere Milde, Weichheit und Geschmeidigkeit des Leders bedingt.

Prinzipiell kann demnach bei Oberleder ein längeres Kälken als bei Unterleder nicht nur unschädlich sein, sondern es kann bei verständiger Leitung der ganzen Gerbung und Zurichtung auf leichtere Art und in kürzerer Zeit zum Ziele führen, als das absolut schwache Kälken, wobei manche schwierigen Hilfsmittel später zu Hilfe genommen werden müssen, um ein gleich weiches Leder zu erzielen.

Die Festigkeit resp. Widerstandsfähigkeit gegen Zerreißen wird bei Oberleder durch längeres Kälken nicht herabgemindert, ebenso wird auch dadurch das Leder in den Seiten nicht entkräftigt; man strebt durch längeres Kälken gerade an, vollere Seiten zu erhalten, da eben in dem frischen Äscher die Felle im ganzen und damit auch in den Seiten aufgehen und bei richtiger Behandlung voll erhalten werden können. Immer ist hier unter längerem Äschern natürlich ein frischer Äscher und keineswegs ein wochenlanges Herumschleppen der Ware in Äscherbrühen von sehr zweifelhafter Beschaffenheit zu verstehen. Die Äscherdauer ist natürlich auch begrenzt, und die Fehler, welche auf das Veräschern zurückzuführen sind, sind sehr unangenehm und sollen hier keineswegs in Abrede gestellt werden.

Das Äschern hat also einen dreifachen Zeck, nämlich den der Haarlockerung, der Vorbereitung des Unterhautgewebes zum Scheren oder Schaben und der Lockerung des gesamten Hautgewebes. Welcher Zweck nun auch in erster Linie verfolgt wird, ein Verlust an Hautsubstanz ist stets vorhanden, ein solcher ist zur Lockerung aber auch notwendig, und bis zu einem bestimmten Punkt daher auch erwünscht; über diese Grenze hinaus ist er unter Umständen jedoch sehr schädlich. Es liegt im Interesse des Gerbers, den Verlust auf das Minimum zu beschränken. Der Gerber muß dazu das Alter der Äscher, die Temperatur, die Eigenschaften des Äschermittels und den Zustand der zu äschernden Häute genau kennen und demgemäß verfahren. Die Durchführung einer rationellen Äscherung ist daher auch gar nicht so einfach, wie oft angenommen wird.

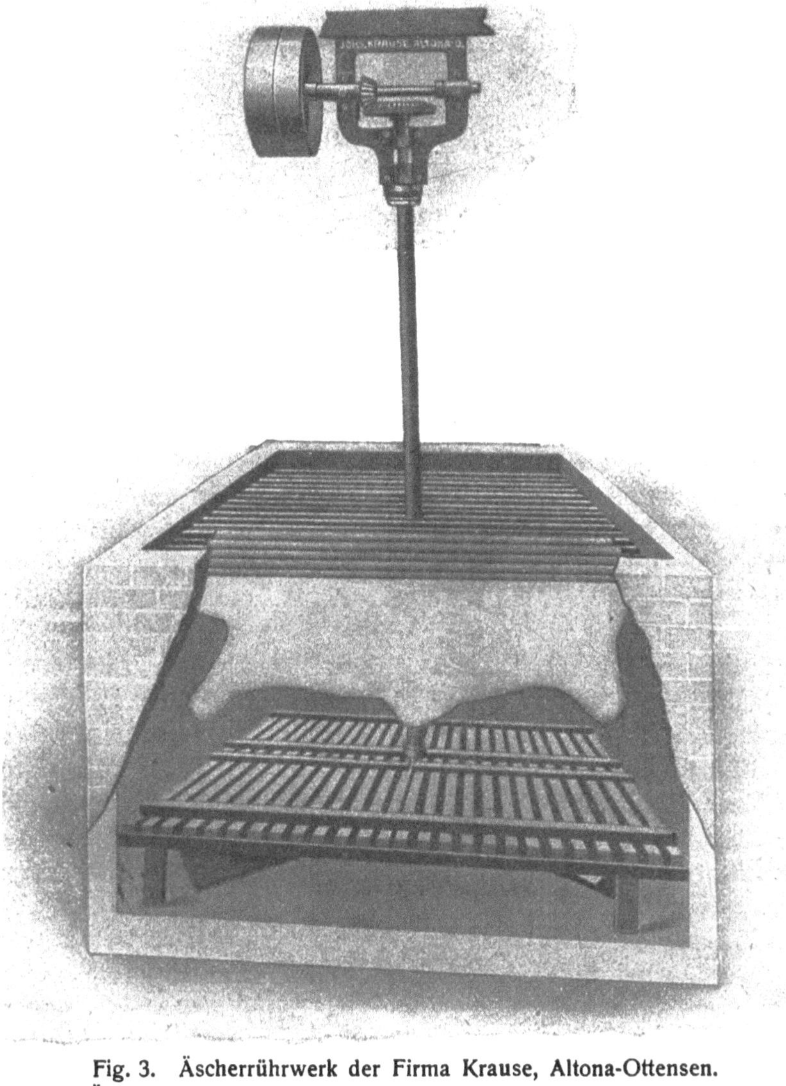

Fig. 3. Äscherrührwerk der Firma Krause, Altona-Ottensen.
Um die Äscherdauer abzukürzen, kann man einen Rühräscher benutzen. Er bewirkt ein gleichmäßiges Aufrühren des Äschers und damit eine vorzügliche schnelle und gleichmäßige Äscherung. Bei dem abgebildeten Rühräscher werden die Häute mit der Haarseite nach unten über eiserne Stangen gelegt und so in vollkommenster Weise der Einwirkung des Kalks ausgesetzt.

Interessant ist die Beobachtung des Verhaltens des mit Schwefelnatrium oder den anderen Hilfsmitteln angeschärften

Äschers in bezug auf Verlust an Hautsubstanz; es stellt sich dabei nämlich heraus, daß, obwohl die Häute rascher reif zum Enthaaren sind, der Hautsubstanzverlust ein geringerer ist.

Was die Lockerung der Lederhaut im Äscher in allen Fällen für eine große Bedeutung hat, erkannten unsere Vorfahren schon, indem sie zu Sohlleder bestimmte Häute, von denen sie große Festigkeit verlangten, nicht äscherten, sondern auf irgend eine andere Art haarlos machten. Denn vom Sohlleder wird vor allem innerer Gehalt, Dichtigkeit, Widerstandsfähigkeit verlangt, und aus dem Grunde wurden die Häute nicht mit Kalk in Berührung gebracht, sondern meist geschwitzt.

V. Das Enthaaren.

Sobald die Häute das Haar gut lassen, werden sie aus dem Äscher herausgenommen und sofort enthaart, und zwar ist zu empfehlen, die Häute zunächst in lauwarmes Wasser zu bringen und daraus zu enthaaren. Denn werden die Felle aus dem Äscher auf Haufen gelegt, so arbeitet der Kalk noch immer an den Fellen fort; weiter verbindet sich der Kalk an den Stellen der Felle, welche längere Zeit mit der Luft in Berührung sind, mit der Kohlensäure der Luft zu kohlensaurem Kalk, der sich in dem Leder festsetzt und sich später in den von den Zurichtern arg verpönten Kalkfalten und Flecken äußert.

Beim Enthaaren hinterläßt jeder falsche Zug an dem durch den Kalk gelockerten Fell Spuren, welche unvergänglich sind, da die Lockerung des Fasergewebes an solchen gepreßten Stellen unwiederbringlich verloren ist. In ganz leichten Zügen muß das Fell überfahren und dennoch sowohl Oberhaar als Grundhaar, besonders aber die an den Seitenteilen sich befindenden, oft schwer zu entfernenden Grannenhaare, beseitigt werden. Man ist ja schon dadurch gezwungen, die Operation des Haarens sorgfältig auszuführen, weil dabei dem späteren Fassongeben der Narbe bedeutend vorgearbeitet wird, was besonders dort eine höhere Bedeutung hat, wo, wie wir später sehen werden, keine Mistbeize gegeben wird.

Besonders für Oberleder gut bewährt hat sich das Enthaaren im Walkfasse. Die Häute werden einfach in dasselbe hineingebracht und unter Zulauf von lauwarmem Wasser ca. 10—20 Minuten laufen gelassen. Man erzielt dadurch eine reinere Hautblöße und erhält auch die Äscher reiner, was besonders in den Fällen wichtig ist,

Fig. 4. Trommel-Maschine „REVERSA" mit vor- u. rückwärtslaufender Trommel zum Enthaaren u. Glätten der Moenus A.-G., Frankfurt a.M.

wo ein Nachäschern der Häute in Weißkalk stattfindet. Verschiedene Häutegattungen, besonders trocken in den Handel kommende Wildhäute, werden in sogen. Giftäschern, d. h. mit Schwefelnatrium oder Arsenik angeschärften Äschern zur Haarlockerung gebracht, daraus enthaart und dann erst im reinen Weißkalk geschwellt. In allen diesen Fällen bewährt sich das Enthaaren im Walkfasse ausgezeichnet. Es bietet ferner den weiteren Vorteil, daß Narbenbeschädigungen — wie sie gerade bei den oft schwer zu enthaarenden Wildhäuten an der Tagesordnung waren — vermieden werden.

VI. Reinmachen.

Unter Reinmachen versteht man das Reinigen der Fleisch- und Narbenseite durch mechanische Bearbeitung, wobei in der Hauptsache der Kalk, ferner aber auch die gelöste Hautsubstanz, Grundhaare etc. aus den Häuten resp. Fellen entfernt werden.

Das Spezielle über Schaben, Glätten, Streichen usw. finden wir bei den betreffenden Spezialbesprechungen der einzelnen Oberledergattungen.

VII. Entkälken.

Der in der Haut resp. dem Felle nach dem Äschern zurückbleibende Kalk ist hauptsächlich in drei verschiedenen Formen darin enthalten, nämlich als Ätzkalk, als kohlensaurer Kalk und in geringen Mengen auch als Kalkseife.

Die Mittel, welche zur Entfernung des Kalkes angewendet werden, sind teils mechanische, teils chemische, teils eine Kombination beider.

Die mechanische Entkälkung besteht in dem Bearbeiten der Fleisch- und Narbenseite durch Streichen, Glätten etc., dem sogenannten „Fassongeben", welches teils auch öfter vorgenommen wird, bis der Kalk gänzlich entfernt ist. Dazwischen werden die Häute bzw. Felle wiederholt gespült.

Die chemische Entkälkung wird durch Beizen oder Lösungen von Chemikalien, worin die zu entkälkenden Häute resp. Felle behandelt werden, ausgeführt, und wir finden bei den Spezialartikeln die betreffenden Manipulationen aufgeführt.

Das kombinierte Entkälkungsverfahren besteht in der Verwendung von Lösungen chemischer Mittel und dann in mechanischem Bearbeiten, oder, in der Gerbersprache ausgedrückt, durch Beizen und dem folgenden Abziehen, Glätten usw.

VIII. Beizen.

Der Zweck des Beizens ist: Die gänzliche Entfernung des Kalkes und Schmutzes, das „Flüssigmachen" der Blöße als Vorbedingung genügender Weichheit und Geschmeidigkeit des Leders, das Heben bezw. Lockern der Blöße und Öffnen des Fasergewebes, um die Aufnahmefähigkeit der Häute für den Gerbstoff zu steigern.

Fig. 5. Läuterfaß (Beizgeschirr) der Maschinenfabrik H. R. Gläser, Wien.

Man erreicht all dies teils durch die verschiedenen Arten von Beizen, und wir kommen darauf bei der Beschreibung der Fabrikationsweise der einzelnen Ledersorten des Näheren zurück.

Wichsleder.

Zu Wichsleder werden am vorteilhaftesten grüne und gesalzene Felle verarbeitet, weil das daraus zu erzielende Leder griffiger und in den Seiten voller wird, als solches von trockenen Fellen. Daß Chromkalbleder sich so schnell einführen und dem lohgegerbten

Kalbleder einen großen Teil des Verbrauchs nehmen konnte, ist in erster Linie auf die große Zähigkeit derselben bei gleichzeitiger Weichheit und Milde zurückzuführen. Es muß deshalb das Augenmerk der Fabrikanten des lohgaren Kalbleders vor allem darauf gerichtet sein, demselben diese Eigenschaften in gleichem Maße zu sichern. Es wird nicht zu befürchten sein, daß das chromgegerbte das lohgare ganz verdrängt, aber das letztere wird den Wettbewerb am besten aushalten können, wenn es sich den Anforderungen und dem heutigen Geschmack des Publikums anpaßt. Man wird dies erreichen, wenn man sowohl bei den Wasser- und Äscherarbeiten, als auch der Gerbung auf Weichheit und gleichzeitig auf Zähigkeit hinarbeitet.

Die Kalb-Felle im Gewicht von 6—10 kg grün, oder 5—8 kg gesalzen oder 2½—4 kg trocken sind das beste Rohmaterial für Wichsleder.

I. Weichen.

G e t r o c k n e t g e w e s e n e F e l l e, sofern solche in Ermangelung anderer doch zu Wichs verarbeitet werden müssen, werden in Brunnen- und nicht in Flußwasser eingeweicht. Das Gefäß muß hinreichend und zwar so groß sein, daß auf jedes Fell ca. 20 l Wasser kommen, dies also schwimmen kann. F l u ß w a s s e r bietet ja manche Annehmlichkeit, es kann auch im richtigen Moment gebraucht werden, aber Brunnenwasser hat stets gleichmäßige Temperatur, wodurch stets gleiche Weichdauer bedingt ist, ferner stets, namentlich auch im Sommer, eine niedrigere Temperatur als Flußwasser; außerdem ist es meist frei von Schlamm, was ebenfalls nicht ohne Bedeutung ist, da dieser im heißen Sommer eine wahre Brutstätte der Fäulnis-Bakterien bildet und darin die Narbe leicht angegriffen wird.

Wenn auch Brunnenwasser hart sein sollte, so ist dies beim Weichen nicht von größerer Bedeutung, denn die Härte des Wassers übt nicht so großen Einfluß auf die Weiche aus, wie dies so vielfach angenommen wird. Die Felle erweichen in einem derartigen Wasser etwas weniger rasch, als in weichem Wasser, in höherem Maße ist aber meist die gleichzeitig n i e d r i g e T e m p e r a t u r die Ursache des langsameren Erweichens. Dies langsamere Erweichen ist aber auch weniger gefahrvoll für die Felle. Es gibt so weichc Wässer, daß es der größten Aufmerksamkeit bedarf, damit keine Nachteile entstehen.

Die trockenen Felle verbleiben zunächst 24 Stunden im Wasser, werden dann aufgeschlagen und verweilen nach dem Wiedereinbringen in demselben Weichwasser noch 48 Stunden bis zum Strecken; es empfiehlt sich aber, dieselben nach den zweiten 24 Stunden nochmals aufzunehmen. Im Winter, wenn Brunnenwasser recht kalt sein sollte, kann das erste Wasser auf 10—12° R. erwärmt werden, aber nicht höher, und auch nur das erste Wasser, später wird unter keinen Umständen mehr angewärmt, weil die Fäulnisprodukte im Wasser sehr gefährlich werden können.

II. Strecken.

Das Strecken soll zuerst der Länge nach geschehen, und zwar kräftig und in kurzen Strichen im Kern, dagegen in den Seiten und dünnen Partien nur leichter und in den Flämen gar nicht. Die Backen und Quasten sind fest der Länge nach auszuarbeiten, jede Falte ist zu ebnen. Bei ganz hartgetrockneten Fellen ist es sehr angebracht, vor dem Einbringen in den Äscher den Kern nochmals quer zu strecken, aber auch nur den Kern, wogegen ein längeres Weichen, wie es sehr häufig üblich, zu vermeiden ist.

Nach dem Strecken, d. h. vor dem Wiedereinbringen in das bisherige Weichwasser, müssen die Felle genau durchgesehen werden, und gelangen haarlose und matte direkt in den Äscher, und nur die durchaus gesunden, widerstandsfähigen Felle in das Weichwasser zurück, wo dieselben je nach der Temperatur und dem Befinden der Felle bis zum anderen Tage verbleiben oder nach einigen Stunden, noch an demselben Tage aufgeschlagen und nach leichtem Abtropfen in den Äscher gebracht werden, damit etwas von der Weichbrühe mit in den Äscher kommt, was sich in der Praxis als sehr vorteilhaft für die spätere Beschaffenheit, den Griff etc. herausgestellt hat. Hier liegt ein Faktor mit für die Erzielung einer glatten Aasseite und verdeckten Ader. Das Fell muß durch und durch weich gestreckt sein und darf nicht in zu wenig ammoniakhaltige Kalkbrühe gelangen, denn dann wird dasselbe rauh und zeigt später stark hervortretende dicke Adern. Nach dem Strecken in frisches Wasser zu bringen ist nicht ratsam, weil dasselbe die Felle schwellt und grob macht.

III. Wässern.

Salzfelle im normalen Zustande werden durch Klopfen von dem anhängenden Salze befreit und in frisches, klares Brunnenwasser gelegt, welches in gereinigte Gefäße, die frei von jedem Schmutz und Schlamm sind, geleitet ist. Das Brunnenwasser behält seine gewöhnliche Temperatur ohne jegliche Erwärmung bei.

Stark gesalzene und längere Zeit im Salz gelegene Felle erhalten jeden Tag erneut frisches Wasser in sauberen Gefäßen, sie werden nach dem zweiten Wasser gefleischt, erhalten dann noch ein drittes Wasser, um am folgenden Tage aufgeschlagen zu werden. Man läßt sie jetzt einige Zeit abrinnen und bringt sie dann in den Äscher.

Frisch oder nur leicht gesalzene Felle bedürfen eines derartig langen Wässerns nicht, hier genügt es, die Felle, nachdem sie abgeklopft sind, 2—3 Stunden in frisches Wasser zu legen, dann unter kräftigem Abspülen bei zulaufendem Wasser aufzuschlagen, ablaufen und über Nacht in dem zweiten Wasser liegen zu lassen, aus welchem die Felle am folgenden Morgen ausgestrichen, d. h. nur vom anhängenden Fleisch, Fett und Schmutz befreit werden.

Ein Strecken oder Schaben darf unter keinen Umständen bei grünen sowohl wie bei Salzfellen stattfinden, sondern lediglich ein Ausstreichen, wobei die Seitenteile und dünnen Partien noch mehr zu schonen und die Flämen gar nicht zu berühren sind.

Nach dieser Reinigungsarbeit werden die Felle in das dritte frische Wasser gebracht und je nach der Temperatur und dem Befinden der Felle noch an demselben Tage oder am folgenden Morgen dem Äscher übergeben. Die Hauptsache ist, daß die Felle salzfrei in den Äscher gelangen, wofür unbedingt Sorge zu tragen ist.

Grüne Felle erhalten zunächst ein frisches Wasser von nur mehreren Stunden. Sie werden aufgeschlagen wie die frisch gesalzenen Felle, genau so ausgestrichen, erhalten noch ein zweites frisches Wasser bis zum folgenden Morgen und werden dann in den Äscher gebracht. Bei weichem Wasser ist es ratsam, bei wärmerer Temperatur sogar unbedingt nötig, dem dritten Wasser ein Antiseptikum zuzusetzen, welches den folgenden Operationen im Vorbereitungs- und Gerbeprozeß nicht hinderlich ist, und zwar eignet sich hierzu Chlorzink am besten, wovon 600—700 g pro 1 cbm Waser genommen werden. Bei diesem Zusatz können die Felle ohne Gefahr über Nacht in dem dritten Wasser verbleiben.

IV. Äschern.

Das Äschern geschieht beim **alten Verfahren** nach dem Dreiäschersystem. Unter normalen Verhältnissen gebrauchen:

Grüne Felle	12 Tage,	je 4 Tage in jedem Äscher,
Salzfelle	15 „	„ 5 „ „ „ „
Trockene Felle	18 „	„ 5 „ „ „ „

Im ersten Äscher kann bei warmer Temperatur, also stets im Sommer, sowie bei matten Fellen eine Abkürzung eintreten, welche je nach dem Befund mehrere Tage betragen kann. In beiden Fällen wird einem zu starken Erweichen der Eiweißkörper im Äscher vorgebeugt.

Auch bei diesem Verfahren behält man das Dreiäschersystem bei, für jede Partie wird der letzte Äscher frisch angesetzt, dieser ist für die folgende Partie dann zweiter, und für die dritte erster Äscher u. s. f. Sollen zur event. Einrichtung eines Äscherganges die Äscher alle drei frisch angesetzt werden, so berechnet man auf:

10 hl Wasser 100 l gelöschten Kalk	für den ersten Kalk,
10 hl Wasser 160 l gelöschten Kalk	für den zweiten Kalk,
10 hl Wasser 250 l gelöschten Kalk	für den dritten Kalk, aus welchem gehaart wird.

(10 kg gebrannter Weißkalk liefern durchschnittlich 30 l dicken Kalkbrei).

Nach dem abgekürzten Äscherungsverfahren verbleiben die Felle in dem Anfangsäscher und in dem mittleren Äscher nur je zwei Tage, jeden Tag werden sie aufgeschlagen und eine Stunde zum Abrinnen liegen gelassen. In dem frisch angesetzten dritten Äscher bleiben sie bei täglichem Aufschlagen, bis sie die Haare lassen, was in ca. vier Tagen, manchmal auch früher, der Fall ist.

Die Felle werden aus warmem Wasser enthaart, in einigen Fabriken eine ganze Nacht in solches gelegt, in anderen nur in warmem Wasser abgespült und dann enthaart.

Daß bei einem derartigen Äschern keine wesentliche Menge Hautsubstanz verloren gehen kann, ist vollständig klar, ob aber bei diesem Äschersystem eine genügende Hebung und Lockerung erreicht wird, darf bezweifelt werden. Die Anhänger dieses Verfahrens erkennen dies auch an, bezw. ergänzen das Versäumte im Verlaufe des Gerbeprozesses, wie wir später sehen werden.

Es verbleiben nach diesem System die Felle also in dem ersten und zweiten Äscher je zwei Tage und im dritten Äscher ca. vier Tage, zusammen also höchstens acht Tage im Kalk.

Derartig geäscherte Fälle lassen zwar die Haare, aber es müssen geübte Arbeiter sein, welche das Enthaaren solcher Felle, ohne Schaden anzurichten, ausüben. Das Abspülen resp. das Verweilen in warmem Wasser ist allerdings dem Entfernen der Haare sehr förderlich, indem dabei die Haut verfällt, die Poren sich leichter öffnen und der Haarbalg ohne Schwierigkeit sich daraus entfernen läßt. Da aber ein starkes Lockern nicht stattgefunden hat, so ist auch die Wirkung des warmen Wassers nur eine schwache. Oft begegnet man nun der Ansicht, daß bei so behandelten Fellen die spätere Gerbstoffaufnahme nicht in dem Maße möglich sein könne, wie bei etwas mehr geäscherten. Ferner, so meint man, würde dadurch auch die Aufnahme des Fettes beeinträchtigt, was wiederum nicht ohne Einfluß auf das Rendement bleiben könne.

Diese Befürchtungen sind aber unbegründet; im Gegenteil, das System hat sich sehr gut bewährt, den Fellen bleibt Substanz erhalten, ihre größere Fülle und Üppigkeit geben erst recht nicht nur ein schöneres, volleres, glatteres Leder, sondern auch ein günstigeres Rendement, als bei Anwendung des ausgedehnten Äscherverfahrens, wobei den Fellen eine Menge Substanz und Kraft verloren geht.

V. Enthaaren.

Die Enthaarung muß sorgfältig, mit dünnem, glatt abgerundetem Eisen ausgeführt werden, da so kurz geäscherte Felle die Haare nicht mit der Pudelmütze abstreichen lassen, sondern es einer geübten Hand bedarf, um diese Felle rein zu enthaaren, ohne dabei Fehler in die Narbe zu machen. Die Prozedur dauert auch etwas länger. Beim Enthaaren soll jeder Arbeiter einen Eimer mit ca. 25° R. warmem Wasser neben seinem Baume stehen haben, aus welchem er hin und wieder eine Hand voll schöpft und damit die Stelle einreibt, wo das Haar noch straff sitzt. Das Fell muß gleich so rein als möglich, ohne größere Anstrengung, gehaart werden; macht dies Schwierigkeiten, so zieht man das Fell durch lauwarmes Wasser oder legt es bis nach dem Enthaaren des folgenden Felles in solches ein und besorgt dann erst die gründliche Entfernung der Grundhaare, was alsdann viel bequemer auszuführen ist. Dieses zweimalige Bearbeiten, mit dem dazwischenliegenden kurzen Wässern in lauwarmem Wasser dient gleichzeitig zum Entfernen der größten Menge des aufgenommenen Kalkes.

Nach dem Enthaaren werden die Felle 15 Minuten in ca. 20 gradiges (R.) Wasser eingelegt oder auch gewalkt und darauf in kaltem abgespült, um dann glatt auf einen Haufen, mit der Aasseite nach oben, hingelegt zu werden und mindestens 12 Stunden zum Abpressen liegen zu bleiben, bevor sie zum Schaben und Kopfscheren gelangen.

Die Felle müssen auf einer glatten, reinen Holzunterlage liegen, welche einige Zentimeter von der Bodenfläche entfernt ist und mit reinen, nassen Tüchern zugedeckt werden zum Schutz gegen Luft und Licht.

Sehr zu empfehlen ist das Enthaaren im Walkfasse. Die Felle werden, wie sie aus dem Äscher kommen, ins Walkfaß gebracht und unter Zulauf von warmem Wasser ca. 15—20 Minuten laufen gelassen. Schwerlassende Felle legt man zweckmäßig auch erst eine oder zwei Stunden in warmes Wasser ein, bis sie gut verfallen sind, und übergibt sie dann erst dem Walkfasse. Bei diesem Enthaaren im Fasse vermeidet man nicht nur jede Narbenbeschädigung, sondern erreicht gleichzeitig schon eine gewisse Reinigung der Blößen. Das Haar kann dabei auch durch eine geeignete Vorrichtung aufgefangen werden, nur ist eine Trennung des weißen von dem bunten nicht möglich.

Ein geeignetes Walkfaß ist auf S. 63 abgebildet.

VI. Kopfscheren und Schaben.

Die trocken gelegten Felle werden, wenn solches nicht vorher geschehen, nun an den Köpfen geschoren, oder auf der Maschine gespalten und dann geschabt. Das Kopfscheren resp. Kalkspalten kann auf der Maschine auch vor dem Walken bzw. Abfließen nach dem Haaren geschehen. Dabei wird das Leimleder infolge Kalkgehaltes schwerer. Das Schaben geschieht in kurzen Zügen, das Messer wird ähnlich wie beim Scheren geführt, aber es muß sauber und ziemlich rein aus der Ader geschabt werden. Seiten und Hälse sind zu schonen, Flämen werden überhaupt nicht berührt. Das Fell ist der Länge nach zu bearbeiten. Glaubt der geschulte Arbeiter ein Fell vor sich zu haben, welches im Kern noch etwas fest ist, was bei trockenen Fellen häufiger vorkommt, so wird solches im Kern auch noch der Quere nach bearbeitet, aber eben nur im Kern. Ein Ausfleischen mit dem Falz aus dem Äscher findet nicht statt. Das Schaben geschieht auf einer Unterlage.

Die geschabten Felle werden in 12—15° R. warmem Wasser jetzt ca. 8—10 Stunden resp. über Nacht gewässert und erhalten dann die zweite Aasbearbeitung. Diese zweite Fleischfaçon nach dem Wässern — wie man diese Manipulation auch nennt — ist von großer Bedeutung für die durch das wenige Äschern nur schwach gelockerten Felle. Hier werden dieselben auf mechanischem Wege gelockert, eine Arbeit, welche sehr genau verstanden und durchgeführt sein will. Die noch festen und stärkeren Felle müssen entsprechend stärker bearbeitet werden, als die weniger festen, die schwächeren Teile ferner, als Seiten, Hälse etc., nur, wenn es notwendig ist, und die Flämen gar nicht. Die zweite Fleischfaçon findet nur der Quere nach und in kurzen Zügen statt, das Messer ist so flach zu führen, daß bei den mit Wasser gefüllten Blößen ein Platzen und ein Aufreißen der Narbe nicht stattfinden kann. Die ganze Arbeit wird ebenfalls auf einer Baum-Unterlage ausgeführt.

VII. Wässern und Glätten.

Nach der zweiten Fleischfaçon findet ein Wässern in verschlagenem Wasser von ca. 18—20° R. während 2 Stunden statt, worauf die Felle geglättet werden. Das Glätten geschieht mit dem Glätteisen und nicht mit dem Glättstein. Das Glätteisen soll an der Seite dünn geschliffen, aber abgerundet und ohne jegliche Scharte, d. h. es muß vollständig glatt poliert sein. Das Eisen wird hochkant geführt und das Fell zuerst mit dem Rücken des Eisens glatt gestrichen, wobei gleichzeitig die durch den auf der Narbe sitzenden Kalk hervorgerufenen rauhen Stellen entfernt werden. Beim Wässern tritt nämlich der Kalk aus dem Innern des Felles an die Außenseite heraus und macht die Narbe mehr oder weniger rauh, wobei sogar die Gefahr entsteht, daß dieselbe wund gestrichen wird. Dann erfolgt die Bearbeitung mit der Schneide des Eisens der Länge nach in nicht zu langen Zügen. Bei dieser Arbeit soll das Fell völlig rein ausgearbeitet werden, so daß ein späteres Reinmachen der Narbe zu diesem Zwecke nicht mehr nötig ist.

VIII. Abziehen.

Gleich nachdem die ganze Partie Felle geglättet ist, werden dieselben mit einem stumpfen Eisen tüchtig abgezogen und dann vier Stunden in reinem klaren Wasser von ca. 12—15° R. gewässert. Das kräftige Abziehen mit dem stumpfen Eisen hat denselben Zweck, wie die zweite Fleischfaçon und muß mit derselben Vorsicht ausgeführt werden. Vor dem Wässern findet die Feststellung des Blößengewichtes statt und das Stempeln der Felle mit der Partienummer.

Die gewässerten Felle werden dann aufgeschlagen und von der Aasseite aus auf dem Baume mit der nötigen Vorsicht gut der Quere und Länge nach bearbeitet. Nachdem die ganze Partie diese energische Fleischfaçon erhalten, werden die Felle zur Narbenfaçon einzeln, wie sie gebraucht werden, durch 25° R. warmes Wasser gezogen, und dann auf dem gesattelten Baum derselben Prozedur von der Narbe aus unterzogen, wie vorhin auf der Fleischseite, und kommen dann nochmals auf vier Stunden in reines Wasser von ca. 15° R. Aus diesem Wasser werden die nunmehr reinen Blößen aufgeschlagen, zum Abtropfen auf abgerundete Blöcke oder auf die Bäume gehängt und gelangen von hier aus in die Farben.

Eine Beize aus Kot oder aus Kleien, erhalten die Felle nicht, benötigen einer solchen auch gar nicht, denn die Felle haben keinen Kalk, sind nicht aufgelaufen, um verfallen gemacht zu werden, und haben durch die aufgeführten Façonarbeiten die nötige Geschmeidigkeit und Weichheit doch erlangt, trotz des geringen Äscherns und sind in vollem Besitze der Hautsubstanz geblieben.

Um aber den so bearbeiteten Blößen diese Tugenden auch zu erhalten und kein zu festes Leder daraus zu erzielen, muß die Behandlung in den Farben, Verstecken usw. diesem Vorbereitungsverfahren angepaßt sein.

IX. Die Gerbung.

(1° Bé = 7½° Bark. [Bé = Baumé; Bark. = Barkometer.].)

a) Allgemeines.

Die wie oben beschrieben behandelten Blößen sind nicht so geöffnet und aufnahmefähig, wie die mehr geäscherten und durch Beizen noch mehr gelockerten Blößen und müssen namentlich in den Anfangsfarben auch vorsichtiger behandelt werden, wie jene, will man ein vorzeitiges Zugerben der äußeren Teile vermeiden, wodurch das Eindringen des Gerbstoffes in das Innere des Felles sehr verlangsamt, an der Narbenseite sogar verhindert werden könnte. Es ist bei diesen substanzhaltenden Blößen daher nur ein ganz langsames Anfärben, Angerben und Durchgerben gestattet.

Um ein Oberleder zu erzielen, bei dem eine milde, zarte Narbe, Dehnbarkeit und Elastizität der inneren Gebilde, sowie überhaupt Weichheit des ganzen Leders vorhanden sein soll, muß man stets bemüht sein, aus den ersten drei Farben die Säurebildung vollständig fern zu halten. Lediglich Gerbstoff soll hier die Blöße äußerlich langsam und gleichmäßig abfärben und dann erst sie nach innen hin allmählich gerben; eine Ausnützung der Proteïnkörper der verwendeten Gerbstoffe mit ihren säurebildenden Eigenschaften wird nicht angestrebt. Es ist deshalb auch ratsam, in den ersten Farben keine Gerbstoffe zu benutzen, welche rasch säurebildend wirken.

Ev. gegebene geringe Mengen auch stärker proteïnhaltiger Gerbstoffe müssen, bevor solche den der Blöße schadenden Säuerungsgrad erreichen, entfernt und durch frische ersetzt werden. Mit neuen, größeren Zusätzen wächst aber auch der Gerbstoffgehalt der Brühen, und es bilden sich doch auch stets allmählich gewisse Säuremengen, unterstützt durch die Wärme in der wärmeren Jahreszeit oder Anwärmen im Winter. Je langsamer die Entfernung der ausgezehrten säurebildenden Gerbmaterialien geschieht, umsomehr werden sich Säuren bilden; je rascher aber die Entfernung vorgenommen wird und die Erneuerung mittelst frischer Gerbstoffe geschieht, desto gründlicher werden die Ursachen der vorzeitigen Säurebildung beseitigt und damit durch den verstärkten Tanningehalt die Wirkung der bereits entstandenen Säure wesentlich abgeschwächt oder ihr sogar Einhalt getan.

Wir können aus Vorstehendem ersehen, daß es in der Hand des Fachmannes liegt, durch geeignete Maßnahmen mit Bezug auf Menge, Qualität etc. der betr. Gerbmaterialien bei der Zubesserung der Farben die Blöße nach eigenem Ermessen anzugerben. Er muß während des Abfärbens den Prozeß so leiten, daß erst dann, nachdem eine Durchgerbung der äußeren und eine genügende Angerbung der inneren Partien stattgefunden hat, die Säuerung durch die Proteïnkörper sich kräftiger entwickelt und auf die leimgebende Substanz mehr oder weniger stark einwirkt. Eine derartig abgefärbte und angegerbte Blöße kann nunmehr ohne Bedenken durch reichere Mengen Gerbstoff ausgegerbt werden. Je größer die Menge gärungsfähiger Produkte, desto kräftiger ist die Entwickelung des Felles und umso schneller und voller die Durchgerbung.

Aus diesem Grunde werden bei der Herstellung guter lohgarer Oberleder, nachdem die Durchgerbung derselben bereits durch das Abfärben weit vorangeschritten ist, dieselben nun auch mit proteïnhaltenden Gerbstoffen längere Zeit eingesetzt. Die durch Gärung sich bildenden Säuren geben dem fertigen Fabrikate dann den derben, kernigen, vollen Griff.

Kurz nach jedem Frischmachen sind die Farben in ihrem Tanningehalt am kräftigsten, und ihre Stärke nimmt je nach dem Grade ab, in welchem der Gerbstoff in die zu gerbende Blöße eindringt, meist erst dann bilden sich Milch-, Butter- etc. Säure. Hier ist dann auch der Zeitpunkt, wo in den ersten drei Farben das ausgelaugte Gerbmaterial entfernt und durch frisches ersetzt werden muß.

b) Der eigentliche Farbengang.

Wir schicken voraus, daß sowohl vier, als auch sechs, acht oder noch mehr Farben mit gutem Erfolg benutzt werden können, je nach dem man dazu eine Versteckfarbe, einen Versenk oder einen Satz zu geben beabsichtigt und je nach dem die örtlichen Verhältnisse liegen.

Bei vier Farben wird man zweckmäßig noch eine Versteckfarbe und je einen Versenk und Satz, bei sechs Farben nur einen Versenk und einen Satz, und schließlich bei acht Farben nur noch einen Satz geben.

Bei dem Vierfarbensystem wird die IV., also beste Farbe, stets frisch angesetzt, sie wird bei der folgenden Partie zur III. Farbe, bei der nachfolgenden zur II., dann zur I., der Eintreibfarbe, welche man nach dem Gebrauch als ausgezehrt fortlaufen läßt.

Die Größe der Farben auf 100 Stück mittelschwere Felle, 5—6 kg grün, oder 70 Stück schwerere ist durchschnittlich auf 2 m in der Länge, 1,50 m in der Breite und 1,50 m in der Tiefe berechnet.

Bei runden Farben genügen 2 m Durchmesser und 1,50 m Tiefe, und bei Haspelfarben 2 m Länge, 1,75 m Breite und 1,25 m Tiefe.

Die viereckigen, sowie die runden Farben sind meist zum Ziehen oder zum Bewegen der Brühen eingerichtet, in welch letzterem Falle oft eine Hängevorrichtung vorhanden ist. Sämtliche Farben sollen 25—30 cbm über den Fußboden hervorragen, so daß es unmöglich ist, daß Schmutz vom Fußboden in die Farbe gelangt. Die IV., also beste Farbe wird aus dem ersten Abzug der sogenannten Sauergrube, einer übrigens zum größten Teile irrtümlichen Benennung, wie wir später sehen werden, bis zur Hälfte angefüllt und durch Auffüllen von frischer Brühe oder durch Zusetzen von Lohe angestellt.

* * *

Wir müssen hier gleich einiges über die sogenannte Sauergrube vorausschicken. Zu einer solchen nimmt man vorteilhaft ein Gefäß aus Holz, 2 m tief, 2 m im Durchmesser, mit doppeltem durchlöcherten Boden und an einer Seite mit einem Pfaffen zum Einstellen der Pumpe versehen. Die Grube erhält beim Ansetzen auf dem oberen durchlöcherten Boden, welcher mit Sackleinen bedeckt ist, eine ca. 50 cm starke Schicht grobgemahlener frischer Rinde und hierauf kommt erst die aus dem Versenk oder dem Satze kommende gebrauchte Lohe. Die frische Rinde verwendet man mit, um der Brühe frische Nahrung zuzuführen. Das mit Wasser oder dem dritten Abzug einer vorhergehenden Sauergrube abgetränkte Gefäß bleibt acht Tage stehen, bevor der Abzug benutzt wird. Ist der erste Abzug zum Ansetzen der frischen IV. Farbe oder der Versteckfarbe bzw. dem Versenk aufgebraucht worden, dann wird die sogen. Sauergrube mit dem vorherigen dritten Abzug abgetränkt und wieder acht Tage stehen gelassen. Der so erhaltene zweite Abzug dient zum Anstellen der Versteckfarben und zum Abtränken der Versetzgruben. Die dritte Auslaugung geschieht mit reinem Wasser. Dieser dritte Abzug wird zum Auffüllen der frisch angestellten Sauergrube, zum Verdünnen der Farben oder zum Auffüllen derselben benutzt. Die Grube kann übrigens auch als guter Filter benutzt werden, da etwa im Wasser enthaltener Kalk oder in unklaren Brühen suspendierte Gerbmaterialteilchen beim Überlaufenlassen über das Material an die gebrauchte Lohe abgegeben werden.

* * *

Nach dieser kurzen Abschweifung kehren wir zur Besprechung des Farbenganges zurück.

Die I. Farbe, oder Eintreibfarbe, wird vor dem Eintreiben von der Hälfte der darin befindlichen Lohe durch Ausfischen befreit und die verloren gegangene Brühe mit dem dritten Abzug der Sauergrube ersetzt, wodurch gleichzeitig die für die Eintreibfarbe zu kräftige Brühe genügend verdünnt wird. Die I. Farbe wird bis zu $^{2}/_{3}$ ihres Raumes auf angegebene Art gefüllt und darin die Blößen zwei Stunden getrieben. Mit Ende der zweiten Stunde beginnt die Aasseite der Blößen sich schon dunkler zu färben, und bei Eintritt dieses Umstandes ist die Arbeit in der I. Farbe beendet, die Blößen werden unter Abspülen flach heraus-

Fig. 6. **Farbhaspel der Maschinenfabrik Krause, Altona-Ottensen.**

geschlagen und kommen, nachdem sie genügend abgetropft, in die II. Farbe. Die Brühe der ersten Farbe wird fortgelassen und zu Gerbereizwecken nicht mehr benutzt.

II. Farbe. Dieselbe wird aus der vorher III. Farbe gebildet, durch Ausfischen ganz von der Lohe befreit und mit dem dritten Abzug aufgefüllt resp. verdünnt bis zu $^{2}/_{3}$ ihres Inhalts. Die Stärke der Brühe wird dabei auf $1^{1}/_{4}$—$1^{1}/_{2}{}^{0}$ Bark. gestellt. Die abgetropften Blößen werden dann hineingebracht und eine Stunde gehaspelt, wobei die Aasseite anfängt sich aufzuhellen. Dann werden unter fortwährendem Treiben der Farbe 10 kg feingemahlene Eichenrinde zugesetzt, nach $^{1}/_{2}$ Stunde dasselbe Quantum und die Farbe $1/2$ Stunde weiter bewegt. Dann werden die Blößen flach herausgeschlagen, mit dem obersten Fell (mit der Aasseite nach oben) der Haufen bedeckt und $1/2$ Stunde so liegen gelassen, während welcher Zeit unter tüchtigem Aufrühren nochmals 10 kg Eichenrinde in die Farbe gegeben werden. Hierauf werden die Blößen wieder glatt eingesetzt, mit der Aasseite nach oben und zwei Stunden ruhen gelassen. Dann werden die Felle mit der Narbe nach innen glatt aufgeschlagen und $1/2$ Stunde liegen gelassen. Unter kräftigem Umrühren werden nun weitere 20 kg halbfein gemahlene Eichenrinde zugesetzt und die Blößen wieder glatt eingelassen. Beim Betrachten der Narbe erkennen wir dann eine leichte, feine, gleichmäßige Ansetzung zum Körnen, ein Beweis, daß die Anfärbung gut verlaufen ist. Die Blößen werden drei Stunden der Ruhe überlassen, dann, die Narbe nach innen gefaltet, glatt aufgeschlagen und ohne Gerbstoffzugabe wieder eingelassen.

Nach drei Stunden werden die Felle nochmals aufgeschlagen, die Farbe aufgerührt und 20 kg mittelfein gemahlene Eichenrinde zugesetzt, die Blößen wieder eingelassen und über Nacht ruhen gelassen.

Wenn des morgens 6 Uhr eingetrieben wird, ist diese Arbeit um $7 1/2$—8 Uhr abends beendigt.

Am zweiten Tage gleich des morgens werden die Felle, mit dem Narben nach innen gefaltet, glatt aufgeschlagen, $1/2$ Stunde liegen gelassen, unterdessen 20 kg gehackte Eichenlohe zugesetzt, tüchtig aufgerührt, wieder glatt eingesetzt und den ganzen Tag ruhen gelassen. Am Abend wird wieder aufgeschlagen und unter tüchtigem Umrühren 20 kg grobgemahlene Eichenrinde zugesetzt.

Am dritten Tage wird morgens wieder aufgeschlagen, $1/2$Stunde ruhen gelassen und 40 kg grobgemahlene Eichenrinde zugegeben. Die Farbe wird dann im Laufe des Tages wiederholt bewegt.

Während des vierten Tages werden die Felle genau so behandelt wie am dritten, nur wird die Farbe nicht mehr so häufig bewegt, höchstens dreimal täglich.

Dasselbe geschieht an den nächsten Tagen.

Bei der Zugabe nur geringer Gerbstoffmengen kann sich das Narbenkorn sehr gut bilden. Erst dann beginnt man mit verstärkten Zugaben von Gerbmaterial, gebraucht aber dabei doch noch die Vorsicht, die Lohe nicht so fein gemahlen zu verwenden, sondern zuerst mittelfein und später bei größeren Mengen ganz grob, wodurch die Lohe ihren Gerbstoff nur langsam abgeben kann und die Felle während der großen Zwischenpausen der Lohzugabe doch Nahrung haben. Das oftmalige Aufschlagen erleichert das Anfärben ungemein, und dies kann durch fortgesetztes Treiben nicht ersetzt werden. Bei zu häufigem und zu langem Treiben werden die Felle lappig, verlieren an Fülle und bei schwachen Brühen geht alsdann viel Hautsubstanz verloren, wodurch das Leder naturgemäß leerer werden muß. Ferner verhindert das häufige Aufschlagen auch die Faltenbildung, welche bei längerem Aufeinanderliegen während des Treibens sich einzustellen pflegt.

Über jeder einzelnen Farbe ist eine Tafel angebracht, auf welcher mit Kreide die Farbennummer, das Datum des Eintreibens, die Anzahl der Felle, Partienummer, die Stärke der Ansetzbrühe und die Menge der zugesetzten Lohe mit Datum der einzelnen Raten aufgeschrieben werden.

III. Farbe. Etwa am neunten Tage gelangen die Felle in die dritte Farbe.

Die vorher vierte Farbe wird von der Lohe durch Ausfischen befreit und dann auf ihre Stärke geprüft. Dieselbe soll etwa 2½ bis 3° Bark. haben. Zugesetzt werden zunächst 20 kg grobgemahlene Eichenrinde, die Farbe 5 Minuten bewegt und dann die Felle eingetrieben, ist ein Drittel der Felle eingebracht, so werden weitere 10 kg Lohe zugefügt und dann der Rest der Felle eingelegt. Nachdem dieselben noch 5 Minuten bewegt sind, gibt man noch 10 kg Lohe hinein.

Während der folgenden vier Tage wird diese Operation jeden Tag wiederholt, die Felle werden aufgeschlagen, eine Stunde abrinnen gelassen und dann wie angegeben eingelegt, ohne sie jedoch zu treiben. Sie bekommen also an jedem Tage 40 kg grobgemahlene Eichenrinde, das sind zusammen in der dritten Farbe 200 kg Eichenrinde. Von diesem Tage an werden die Felle nicht mehr aufgeschlagen, sondern verharren hier in Ruhe noch einige Tage, im Winter länger als im Sommer, und werden nur täglich einige Male getrieben.

IV. Farbe. Diese wird bei jeder Partie frisch angestellt. Das sorgfältig gereinigte Geschirr wird mit Brühe vom ersten Abzug der sogenannten Sauergrube bis zur Hälfte gefüllt und auf die Stärke von etwa 3,5—4° Bark. gestellt. Die aus der dritten Farbe abgespülten, während zwei Stunden abgetropften Felle werden dann in die frische vierte Farbe gebracht, nachdem derselben 40 kg grobgemahlene Lohe zugeführt worden waren. Dies setzt man die folgenden vier Tage fort, jeden Morgen wird aufgeschlagen, eine Stunde abrinnen gelassen und jedesmal 40 kg Lohe zugesetzt, in den fünf Tagen also 200 kg grobgemahlene Eichenrinde. Darauf verbleiben die Felle drei bis vier Tage ohne Gerbstoffzugabe ruhig in der Farbe liegen, womit dann der eigentliche Farbengang seinen Abschluß gefunden hat. Es haben die 100 Felle in den vier Farben im ganzen 600 kg Eichenrinde verbraucht, pro Fell 6 kg oder pro kg grün ca. 1 kg.

Das Fasergewebe ist jetzt leicht durchgefärbt, die Felle haben einen gewissen Stand erhalten und die Seiten und Flanken müssen gefüllt erscheinen. Hier ist zu bemerken, daß trockene Rohfelle in der ersten und zweiten Farbe länger getrieben werden müssen, da sich bei diesen Fellen die Narbe schwerer anfärbt.

Um den zu großen Schritt von den Farben zur Grube zu vermeiden, muß eine Zwischenstation eingeschoben werden, auf welcher sich die Narbe derart befestigen kann, daß die Durchgerbung in der Grube keine nachteilige Einwirkung auf die Felle ausüben kann. Dieser Übergang erfolgt in der Versteckfarbe.

c) Versteckfarbe.

Diese wird mit Brühe vom zweiten Abzug der sogen. Sauergrube ca. 30 cm hoch angefüllt.

Die Felle werden nun einzeln mit der Narbe nach oben flach eingelegt, nachdem die Oberfläche der Brühe vorher mit angefeuchteter Lohe überstreut war. Zwei Arbeiter breiten das eingelegte Fell mittelst Stöcken flach aus und bestreuen jedes Fell mit vier Händen voll fein gemahlener angemachter Eichenrinde.

Beim Einlegen in runde Gruben wird der Schwanz des folgenden Felles auf die linke Hinterklaue des vorhergehenden gelegt und bei viereckigen Gruben jedesmal der Schwanz zur folgenden rechten Seite, wodurch eine möglichst gleichmäßige Fläche beibehalten wird.

Ist die Brühe aufgesogen, die Grube aber noch nicht voll, so wird von demselben Abzug nachgefüllt, indem man die Brühe über eine Strohpuppe oder über einen Besen an einer Seite der Grube einlaufen läßt, aber stets nur soviel, daß die Felle halb schwimmen. Die Felle sollen in diesem Versteck schon anfangen fest zu werden, was bei ganz schwimmender Gerbung jedoch nicht erzielt würde.

Je zwei vierte Farben gehen in eine solche Versteckfarbe;

zusammen also ca. 200 Felle im Gewichte von 1000—1200 kg grün. Diese erhalten 500 kg feingemahlene Eichenrinde.

Man läßt diese Versteckfarbe 14 Tage stehen, nachdem auf das oberste Fell, welches mit der Aasseite nach oben liegt, aut die frischgestreute Eichenrinde eine ca. 15 cm starke Schicht frisch gebrauchter Lohe gelegt ist. Es soll dadurch verhindert werden, daß die Felle durch die sich bald entwickelnde Gärung nicht zu stark gehoben werden, d. h. nicht über die Oberfläche der Brühe steigen, wodurch an den der Luft und dem Licht ausgesetzten Stellen nicht wieder zu entfernende Flecken entstehen würden. Ein Belegen mit Brettern darf nicht stattfinden, da ein Druck nicht ausgeübt werden soll.

Das Fasergewebe der Felle, welches in der vierten Farbe bereits gehoben wurde, soll in der Versteckfarbe in diesem gehobenen Zustand erhalten bleiben, wodurch dem Gerbstoff der Weg in das Innere geöffnet wird.

Nach 14 Tagen werden die Leder herausgenommen, abgespült und in die zweite Versteckfarbe resp. in den Versenk gebracht.

d) Versenk.

Während die Versteckfarbe sich mehr dem Farbengang angeschlossen hat, bildet der Versenk den Vorläufer der eigentlichen Grubengerbung, er steht derselben näher als der Farbengerbung. Die Versenkgrube ist ebenfalls größer als die Farbengeschirre, sie soll das doppelte Quantum der Versteckfarbe aufnehmen.

Die gereinigte Versenkgrube wird am Boden mit einer ca. 5 cm dicken Schicht feingemahlener Eichenrinde belegt, die Felle werden einzeln mit der Narbe nach oben so glatt als möglich hineingebracht und mit feingemahlener, angefeuchteter Lohe bestreut. Die stärkeren Stellen bekommen etwas mehr, die dünneren weniger. Das Einlegen geschieht in bezug auf die Lage der einzelnen Felle genau wie in der Versteckfarbe, die Hinterteile dem Rande des Gefäßes zu, um eine möglichst gleichmäßige Füllung zu erhalten. Das oberste Fell, ein recht ausgedehntes, kommt mit der Aasseite nach oben zu liegen. Die dasselbe bedeckende Lohschicht soll 5 cm dick sein.

Zwischen dem oberen Grubenrand und dem obersten Kalbfell soll ein freier Raum von ca. 30 cm gelassen werden. Dieser wird bis auf 15 cm mit frisch gebrauchter Lohe ausgefüllt und die Grube langsam mit der Brühe des ersten Abzuges aus der Sauergrube abgetränkt.

Auf je einen Versenk werden nur 250 kg feingemahlene Eichenrinde verbraucht, also auf die doppelte Anzahl Felle nur dasselbe Quantum, wie in der Versteckfarbe auf die halbe Anzahl; die Felle sitzen hier aber schon fester. Außer der Lohschicht findet jedoch auch hier noch keine weitere Beschwerung statt. Die Narbe ist auch jetzt noch zu zart, um einen größeren Druck aushalten zu können, bloß das natürliche Gewicht der Felle und die Lohschicht sollen die Tragkraft der Flüssigkeit aufheben. Wenn nun auch nur das halbe Quantum Gerbmaterial gegeben wird, so wird durch die zum Abtränken benutzte Brühe vom ersten Abzug den Fellen doch mehr Gerbstoff zugeführt, auch bedingt schon die geringere Flüssigkeitsmenge eine höhere Konzentration. Dadurch, daß man in dieser Brühe den Fellen den Gerbstoff auch schon in gelöster Form bietet, wird die Gerbung wesentlich beschleunigt und gleichzeitig der rascheren Bildung von frischen Säuren Vorschub geleistet, wodurch die bereits vorhandene Fülle nicht nur erhalten, sondern noch etwas gesteigert wird. Die Narbe empfängt hier ihre volle Durchgerbung, bleibt dabei aber zart, so daß sich das Korn mit den Händen glatt streichen läßt. Die Narbe hat jetzt soviel Stand erhalten, daß das feste Versetzen in der Grube unter den Füßen keine unangenehmen Eindrücke mehr hinterlassen kann. Dem Durchgerben der Narbe wird von einem großen Teile unserer Gerber zu wenig Aufmerksamkeit geschenkt, und dies ist auch die Ursache, daß noch immer so viel narbenbrüchiges Leder vorkommt, über dessen Ursache man sich vergebens den Kopf zerbricht. Die Narbe ist weit zarter und empfindlicher als die Fleischseite, sie ist bald angefärbt, d. h. äußerlich mit Farb- und Gerbstoff umkleidet, was von dem oberflächlich Beobachtenden sehr oft als genügend gegerbt angesehen zu werden pflegt. Wirken nun gleich stärkere Brühen zur Durchgerbung des Kornes auf die empfindlichen Fäserchen der Narbe ein, so werden dieselben zusammengezogen, eine weitere Diffusion des Gerbstoffes nach dem Innern kann nicht mehr stattfinden und die Felle bleiben von der Narbe aus nach innen zu ungegerbt. Die Folge davon ist das langsamere Fertiggerben und das spätere Brechen. Eine gut durchgegerbte Narbe behält auch ihre helle Farbe, während die nicht durchgegerbte mit der Zeit anfängt sich dunkler zu färben.

Der Fehler des Narbenbrechens kann auch eintreten, wenn die Felle zu früh mit säuernden oder gar ganz sauren Brühen in Berührung gekommen sind; hier werden die Felle zu stark geschwellt, die Faser wird fest und steif, die Aasseite rauh mit leeren Adern und die fertigen Leder sind schließlich blechig und ergeben niemals gutes Oberleder. Es ist Tatsache, daß sogar von sonst ganz tüchtigen Fachleuten gerade in dieser Hinsicht oft gesündigt wird.

In dem Versenk verbleiben die Felle vier Wochen, aber auch nicht länger, da bei einem längeren Verweilen nicht genügend Gerbstoff vorhanden ist. Die Felle werden herausgenommen, abgeklopft, in einer schwachen Brühe abgespült, Narbe auf Narbe glatt auf einen abgerundeten Bock gehängt und 24 Stunden abtropfen gelassen, worauf dieselben zum Versetzen fertig sind. —

Bis jetzt sind also verbraucht: Pro Fell 9¾ kg, pro kg grün 1¾ kg Gerbmaterial.

Die ausgenutzte Lohe aus der Versteckfarbe und dem Versenk wird mit Wasser ausgelaugt und die dabei erhaltene Brühe als dritter Aufguß der Sauergrube gebraucht.

e) Der Satz.

Die Versetzgruben sind meist rund, 2,50 m tief und 2,5 m im Durchmesser, sie fassen ca. 400 Felle mittlerer Größe. Der Boden wird mit einer Schicht frischgebrauchter Lohe bestreut und darauf eine Lage feingemahlener Lohe gebracht, auf welche das zu versetzende Fell gelegt wird. Zum Versetzen wird als Streumaterial feingemahlene Eichenrinde benutzt, welche mit Brühe angefeuchtet ist. Grobgemahlene Rinde eignet sich zum Versetzen nicht, da diese sich zu sehr in die Narbe einpreßt. Die Felle werden mit der Narbe nach innen der Länge nach doppelt gelegt, vorher aber die Narbe innen bestreut und dann die obenliegende Aasseite. Müssen Falten gelegt werden, so sind diese hübsch glatt zu legen und mit einer dünnen Lage Streumaterial voneinander zu halten. Stets muß die Narbe des ganzen Felles mit der Versetzlohe bedeckt werden, damit dieselbe eine gleichmäßige Farbe erhält. Wird zwischen die Falten keine oder nicht genügend Lohe gestreut, so klebt dieselbe zusammen und zeigt dann später beim Trocknen zahlreiche hellere Stellen, die Narbe wird „bunt".

Die Felle werden in der Grube rings herum gelegt, das Hinterteil dem Rande der Grube zu. Es muß darauf geachtet werden, daß die Grube möglichst eben bleibt, und soviel wie möglich vermieden wird, daß Vertiefungen mit gebrauchter Lohe oder frischem Streumaterial ausgefüllt zu werden brauchen, wie dies bei ungeübten Arbeitern zum Nachteile des Gerbers so häufig der Fall ist. Die Grube wird bis ca. 30 cm vom Grubenrande gefüllt, durch eine frische Lohschicht von ca. 5 cm Dicke abgeschlossen und mit einer Schicht frischgebrauchter Lohe von ca. 20 cm ausgefüllt. Die Grube wird dann mit Brettern belegt, mit Steinen beschwert und mit Brühen aus dem ersten Abzug abgetränkt, was durch den an der Seite angebrachten Pfaffen geschieht.

Auf diesem Satze bleiben die Felle ca. zwei Monate stehen.

Die Gesamt-Gerbdauer beträgt demnach ca. 120—125 Tage = 4—4¼ Monat, für schwere sogar noch etwas mehr.

Eine lange Zeit für Kalbleder! Aber bei der geringen Äscherung und dem Fehlen jeglicher Beize muß durch sachgemäß geleitete, möglichst volle Gerbung die erforderliche Weichheit und Zähigkeit geschaffen werden. Wollte man von Anfang an stärkere Brühen gebrauchen, so würden sich in dem späteren Stadium die Leder schwerer durchgerben, trotzdem aber blechig bleiben. Natürlich soll nicht behauptet werden, daß unter allen Umständen so lange gegerbt werden muß, die Gerbdauer wird vielmehr durch zahlreiche Faktoren abgekürzt werden können, z. B. durch Mitverwenden stärkerer Gerbmaterialien in den späteren Stadien etc. Bei der Beschreibung obigen Gerbsystemes sind alle wichtigeren Momente gekennzeichnet, die bei der Abkürzung naturgemäß auch streng beachtet werden müssen, eine Abkürzung aber durchaus nicht ausschließen.

Die Felle sind nun vollständig durchgegerbt. Leichtere können sogar schon nach dem Versenk zur Zurichtung gebracht werden. Es ist aber unbedingt besser, ein Fell vollständig satt zu gerben, es wird weicher und voller im Griff und ergibt ein besseres Rendement als ein noch hungeriges Fell, da die Fettaufnahme auch ganz wesentlich von dem Grade der Durchgerbung abhängt.

Schweren Fellen gibt man, trotzdem sie aus dem Satze schon vollständig gegerbt herauskommen müssen, häufig noch einen zweiten Satz.

Bei stärker geäscherten und entsprechend gebeizten Fellen ist die Faser vor dem Eintreiben in die Farben hinreichend gelockert, der Gerbstoff kann rascher eindringen und in genügender Menge sich ablagern, so daß so behandelte Felle weit rascher durchgerben.

Zum Streuen im Satze nimmt man auf je ein Fell 5—6 kg Eichenrinde, so daß der Gesamtverbrauch pro Fell 14 bis 16 kg, oder pro kg grün rund 3 kg beträgt.

X. Die Zurichtung.

I. Allgemeines.

Durch die Zurichtung soll nun die gute Gerbung erst richtig zur Geltung gebracht werden. Vollen Erfolg der Zurichtung erzielt man auch nur bei gut gegerbten Ledern, während bei schlecht geleiteter Gerbung die beste Zurichtung vergebens ist.

Falzen oder Spalten.

Die Felle werden durch Klopfen der Fleischseite von der anhängenden Lohe befreit, mit einem Besen von der Narbenseite gereinigt und dann, Narbe nach innen, der Länge nach glatt zusammengelegt und gepreßt. Ist keine Presse vorhanden, so kann auch ein Abwelken an der Luft stattfinden; dieses ist aber mit größeren Schwierigkeiten verknüpft, da die Leder zu leicht ungleichmäßig antrocknen. Die zu trockenen Stellen müssen mit der Bürste nachgefeuchtet werden.

Fig. 7 und 8 zeigen eine Spaltmaschine neuester Konstruktion.

Vielfach begegnet man noch Zweifeln darüber, ob das Ausfleischen oder Spalten vor oder nach dem Gerben auszuführen ist. Zweckmäßiger, d. h. günstiger für die Felle ist entschieden das letztere Verfahren. Das Egalisieren vor dem Gerben geschieht, um Gerbstoff zu sparen, da die Schicht doch nach dem Gerben entfernt werden muß und andernteils der Gerbstoff viel leichter und rascher durchdringt.

Dies hat aber nur Wert bei einem Schnellgerbeverfahren, wo mit starken Brühen gegerbt wird; denn dabei werden die Außenseiten durch die starke Angerbung mehr oder weniger zusammengezogen, so daß dem später hinzutretenden Gerbstoff der Eintritt in das Innere erschwert ist.

Ein Ausfleischen vor dem Anfärben, das sogenannte Kalkfalzen, um etwa das dabei fallende Leimleder zu gewinnen, ist aber zu verwerfen. Der Gerbstoff dringt auch durch die Zellengewebehaut in das Innere des Felles ein, und gerade diese äußere Schicht schützt den Kern des Felles vor der zu intensiven Berührung mit dem Gerbstoffe und verhindert, daß die Fleischseite rauhfaserig wird und ihre Glätte verliert. Der Mehrverbrauch an Gerbstoff ist nicht so bedeutend als im allgemeinen angenommen wird, da die Außenseite bereits in den Farben den allergrößten Teil des benötigten Gerbstoffes in sich aufgenommen hat, auch

Fig. 7. Bandmesserspaltmaschine (Vorderansicht) der Maschinenfabrik J. Krause, Altona-Ottensen.

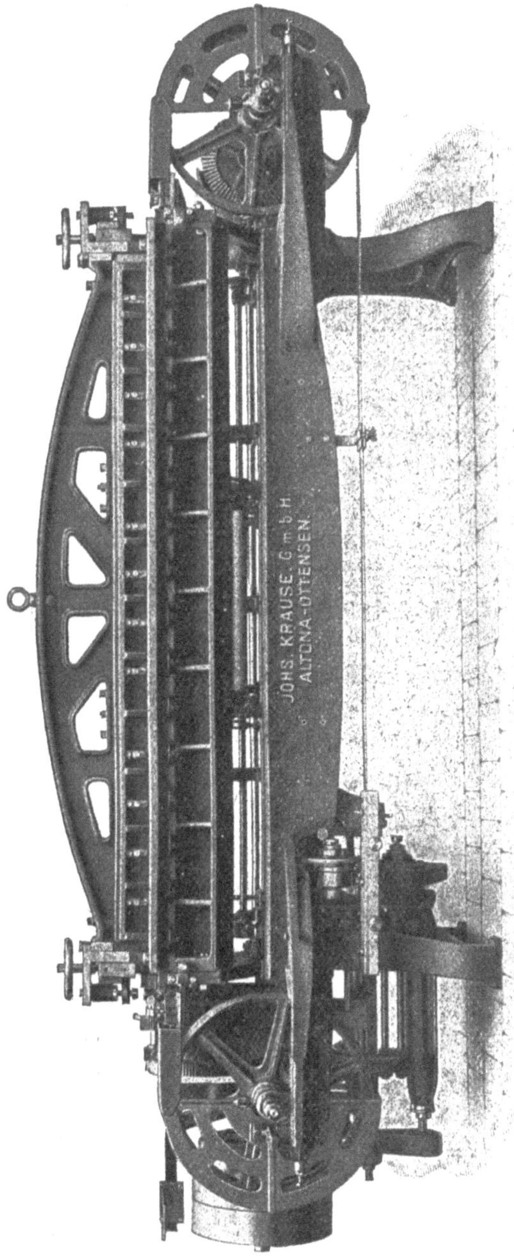

Fig. 8. Bandmesserspaltmaschine (Rückansicht).

wird bei richtig geführter Gerbung die Durchgerbung nur in ganz geringem Maße verlangsamt, und der so oft ins Treffen geführte Grund für das Ausfalzen vor dem Gerben ist keineswegs von großer Bedeutung.

Das Falzen der durchgegerbten Felle geschieht mit dem Falz auf dem Falzbock und nicht mit dem Blanchiereisen auf dem Tisch. Man arbeitet bei diesem Egalisieren der Quere nach, wodurch viel Material gespart wird. Das Falzen geht allerdings langsamer und ist schwieriger, es muß von geübten Leuten ausgeführt werden. Beim Längsfalzen könnten zwar lange Striche und große Späne genommen werden, wobei die Leder aber aus allen Fugen gereckt und nicht genügend egalisiert würden. Beim Querfalzen wird das erstere vermieden und ein gleichmäßigeres Leder erzielt. Das Querfalzen kostet allerdings mehr, doch behalten die Leder bei gleicher Stärke mindestens ½ kg pro Dutzend mehr an Gewicht. Beim Falzen ist die Hauptsache eine reine scharfe Schneide. Scharten sind später beim Blanchieren nur mit Lederverlust zu entfernen, ferner wird die Aasseite bei so tiefem Ausarbeiten stets rauh, die natürliche, glatte Fleischseite geht verloren und die Adern kommen offen zum Vorschein.

In neuerer Zeit, wo man in rationellen Betrieben bestrebt ist, Handarbeit möglichst durch gute Maschinenarbeit zu ersetzen, wendet man zum Falzen auch die Falzmaschine mit bestem Erfolg an. Ein bewährtes System stellt die nachstehende Abbildung dar.

Anstatt des Falzens können die Felle auch auf der Spaltmaschine gespalten werden. In diesem Falle werden dieselben aus dem Kalke nicht gefalzt. Der Spalt läßt sich, besonders von schwereren Fellen, bei denen er in größeren Stücken gewonnen werden kann, noch gut verwerten. Man spaltet nicht ganz bis zu der verlangten Dicke, sondern läßt für das nachfolgende Blanchieren noch einigen Spielraum, damit der durch das Falzen mehr oder weniger rauhen Fläche noch genügende Glätte durch einen abzunehmenden Span gegeben werden kann.

Auf den Wind machen.

Die gefalzten resp. gespaltenen Leder werden in kaltem Wasser, welchem etwas Gerbbrühe zum Verhindern von Fleckenbildung zugesetzt ist, auf 24 Stunden eingeweicht. Warmes Wasser

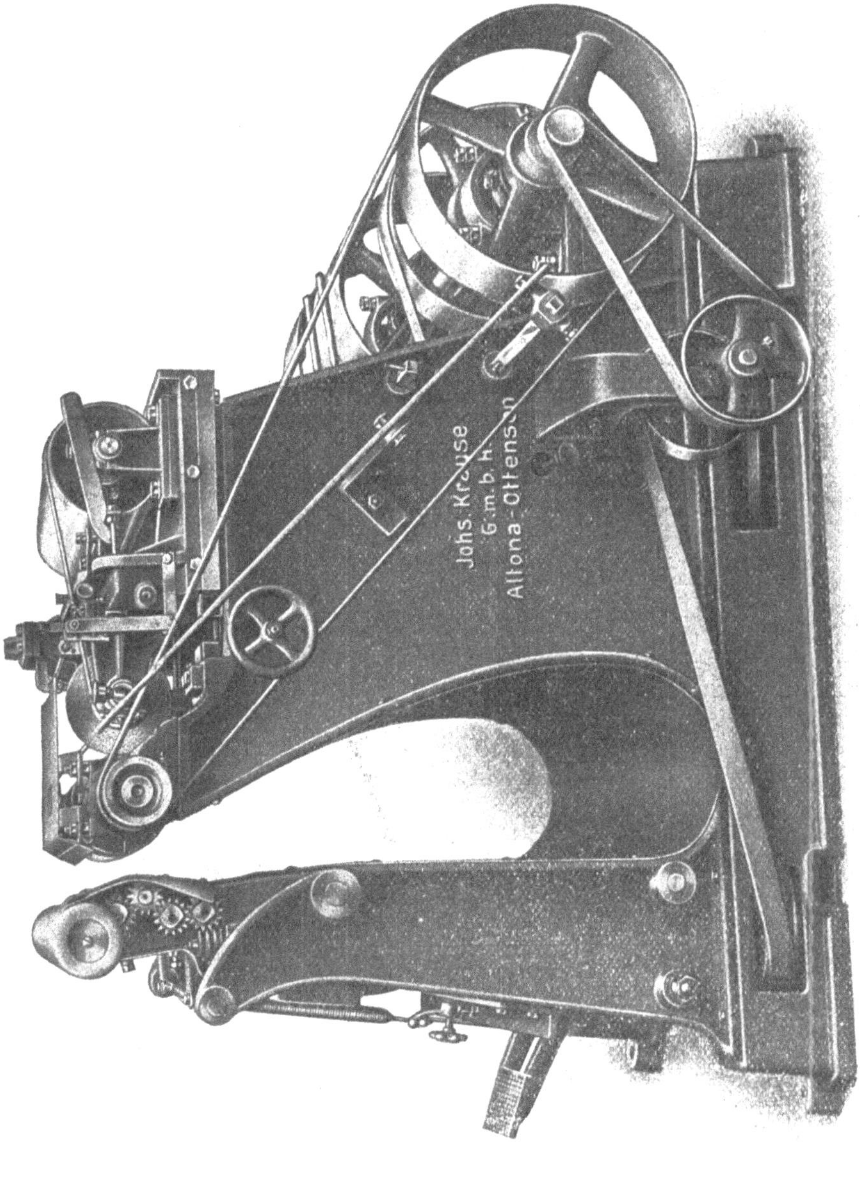

Fig. 9. Falzmaschine.

darf hierfür nicht angewendet werden, weil die Leder hierin zu leicht schwarze Flecken erhalten. Nach dieser Zeit werden die Leder herausgenommen, in Kissenform, die Seitenteile mit der Narbe nach innen, zusammengeschlagen und 12—15 Minuten in 25—30° R. warmem Wasser gewalkt, worauf das Wasser fortgelassen und durch neues von derselben Temperatur ersetzt wird, worin weitere 10 Minuten gewalkt wird.

Ein Verlust an für das Fell notwendigem Gerbstoff ist nicht zu befürchten, dagegen sollen der überflüssige Schmutz sowie alle im Kern verbliebene Säure entfernt werden. Erst wenn das geschehen, ist das Leder befähigt, genügend Fett in sich aufzunehmen, was wieder für die Weichheit und Milde, sowie für die Haltbarkeit und das Gewichtsrendement von sehr großem Nutzen ist. Anders ist dies bei den Ledern, welche mit starken Brühen etc. hergestellt sind, bei denen also der Gerbstoff durch mechanische Hilfsmittel hineingetrieben wurde, sich darin aber mit den Fasern nicht innig verbunden hat. Ein auf diese Weise mit Gerbstoff gefülltes Leder erleidet durch das Auswaschen allerdings großen Gewichtsverlust und wird bei starkem Auswaschen auch abfällig in den Seiten, weshalb man hier auch mit Walken etc. sehr vorsichtig ist Gut gegerbtes Leder hat dagegen das Auswaschen nicht zu scheuen, es wird im Gegenteil weicher und für die nachherigen Façons um so geeigneter.

Fleischfaçon.

Die gewalkten Leder werden auf der Maschine oder auf der Tafel mit der Hand, und zwar mit dem Stahlschlicker, gut ausgereckt. Die auf der Maschine ausgereckten Leder müssen auf der Tafel nachgeholt werden. Die Leder werden längs des Rückens am Tafelrand mit der Aasseite nach oben aufgelegt und mit dem Schlicker zuerst an der Tischkante festgelegt, dann wird vom Rücken aus zunächst nach der Mitte und schließlich nach den Klauen zu gestoßen. Der geschickte Arbeiter legt erst die Seitenränder fest, walkt die Flämen nach innen zusammen und bringt dann auch die bauschig liegenden Teile glatt auf die Tafel. Er strebt immer danach, nach den dünnern Teilen zu zu arbeiten, welche dadurch verstärkt und voller werden.

Nachdem das Façonieren beendet ist, wird die Aasseite mit lauwarmem Wasser und der Bürste abgewaschen.

Narbenfaçon.

Zuerst wird der Ausrecktisch von allen Unreinlichkeiten befreit, um alle Narbenschäden zu vermeiden. Das Narbenfaçonieren verlangt große Aufmerksamkeit und daher einen geübten Arbeiter, denn hier soll nicht allein die Narbe geglättet, sondern dem Leder auch seine „Stellung“ gegeben werden. Vor dem Auflegen des Felles zum Narbenausrecken wird der Tisch mit einem gleichmäßig dünnen Überzug von Degras versehen, welcher zu $1/3$ seines Gewichtes mit Wasser vermischt sein muß. Das Auftragen des Degras geschieht mit einer Bürste. Auf das Fett legt man das auszureckende Fell, den Rücken längs des Tischrandes, setzt die Rückenpartie auf den Tisch fest und stößt dann weiter leicht über dasselbe bis es fest aufliegt. Vor der weiteren Bearbeitung wird die Narbe mit hellem geruchlosen Tran abgeölt und dann in derselben Weise und Richtung von der Narbe bearbeitet, wie dies auf der Aasseite stattgefunden hat.

Die Bearbeitung geschieht mit einem Schlicker aus rötlichem oder blauem Schieferstein, an welchem die Ecken abgeschliffen sind; der Stein darf jedoch nicht abgerundet, sondern muß kantig sein.

Harte Steine dürfen hierzu nicht verwendet werden. Mit dem Steinschlicker wird das Korn fortgenommen, wogegen beim Gebrauch des Messingschlickers dasselbe wohl niedergedrückt wird, aber sofort wieder zum Vorschein kommt, wenn das Leder vom Tisch genommen ist. Nach dem Bearbeiten mit dem Stein wird die Narbe mit der Bürste abgewaschen und dann mit dem glattpolierten Messingschlicker nachgeholfen. Dann wird nochmals mit dem Transchwamm überstrichen, die andere Hälfte des Felles genau so bearbeitet, dasselbe schließlich der Länge nach mit der Narbe nach innen zusammengeschlagen und glatt in die Presse gelegt. Ist die ganze Partie so bearbeitet, dann werden die Leder leicht gepreßt und einige Zeit liegen gelassen, um schließlich zum Nachfaçonieren zu gelangen.

Nachfaçonieren oder Nachholen.

Diese Arbeit hat, wenngleich sie vielfach ganz fortgelassen wird, doch eine gewisse Bedeutung. Es handelt sich dabei um eine Narbenfaçon, bei welcher etwaige Mängel beseitigt werden, und zwar gibt man, wie bei der ersten Narbenbearbeitung, erst einen dünnen Degrasstrich auf die Tafel und stößt dann die Felle.

Fig. 10. Blanchier- und Narbenabziehmaschine „Ideal“ der Badischen Maschinenfabrik Durlach.

In der Hauptsache besteht dieser Maschinentyp aus dem in Ringschmierlagern laufenden Werkzeugzylinder mit linksgängig steigenden Spiralmessern, der Andruckvorrichtung und dem Schleifapparat. Die Unterlage für das zu bearbeitende Leder bildet entweder ein mit Gummipolster und Lederüberzug versehener Sattel, der in jeder Richtung verstellbar ist und sich mittels eines Fußtritt-Hebelmechanismus nach Bedarf heben und senken läßt oder einer Andruckwalze mit zwangläufigem Antrieb. / Das Schleifen der Messerwalze geschieht mittels eines dahinter angeordneten Schleifapparates. / Die Blanchierspäne, sowie der beim Schleifen der Messerwalze sich bildende Staub werden durch einen in der Maschine eingebauten Ventilator abgesaugt.

Ist diese Arbeit vollendet, dann wird die Narbe mit einem Öllappen abgerieben und das Fell, Narbe nach innen, der Länge nach zusammengeschlagen. Die Leder gelangen dann zum Einfetten.

Einfetten.

Narbenschmiere. Die Narbe kann mit vegetabilischem oder animalischem Öl resp. Tran abgeölt werden; jedoch ist die Ansicht darüber, ob erstere, d. h. trocknende Öle vorzuziehen sind, geteilt. Eine gute Narbenschmiere wird bereitet aus: einem Teil Seife (neutrale) und drei Teilen Waltran in vier Teilen verschlagenem Wasser.

Die nachfaçonierten Leder werden mit dieser Emulsion auf der Narbe geschmiert, Narbe gegen Narbe der Länge nach zusammengeschlagen, flach hingelegt und zwei bis drei Tage liegen gelassen, bis das Fett eingezogen ist. Von der Seife bleibt meist eine leichte Paste auf der Narbe sitzen. Dieser Überzug erweist sich aber durchaus nicht nachteilig, im Gegenteil, er dient zum Schutze der Narbe während des Trocknens. Daß der Tran in die Narbe eingezogen ist, erkannt man an der zähen, dicken Konsistenz der zurückgebliebenen Seifenpaste.

Die hier zur Anwendung kommende Seife soll aus ziemlich festen Fetten hergestellt sein, nicht aus Ölen, und muß neutral reagieren. Ein Lagern in der Seifenfett-Emulsion ist unumgänglich nötig, damit die Leder das Fett genügend aufnehmen können. Gerade dadurch wird die milde, weiche Narbe erzielt. Anstatt des Waltranes können auch Oliven- oder Rizinusöl der Seife zugerührt werden.

Man rechnet auf 100 kg trockene lohgare Leder zur Narbenschmiere:

1,75 kg Seife in
7,00 „ Wasser gelöst und
5,00 „ Tran resp. Öl.

Aasschmiere. Nach dem Schmieren der Narbe folgt das Einfetten der Fleischseite. Man verwendet hierzu eine Schmiere aus folgenden Bestandteilen: 30 Teile Degras, 7 Teile Kernseife (neutrale), 10 Teile Talg, 7 Teile Wasser.

Der Weichtalg wird zerlassen dem Degras zugerührt, die Seifenlösung auf bekannte Weise bereitet und in heißem Zustande der Talg- und Degrasmischung zugegeben, dann läßt man bis auf 12—15° R unter tüchtigem Rühren erkalten, worauf die Schmiere sofort gebrauchsfertig ist. Der Talg wird bei 45—50° R geschmolzen und der Degras auf 30—32° R erwärmt.

Eine Degrasschmiere ohne weichen Talg oder Öl resp. Tran ist auch zu empfehlen und wird bereitet aus: 40 Teilen Degras und 7 Teilen Kernseife in 7 Teilen Wasser.

Die im Narbenfett genügend gelagerten Leder werden mit dem Hinterteil nach vorn auf den Tisch gelegt, leicht ausgestrichen und mit der Bürste geschmiert. Ist eine Seite fertig, so wird die andere Hälfte genau so behandelt und dann das Leder im Sommer auf dem Trockenboden, bei kälterer Witterung in der gut ventilierten Trockenstube getrocknet. Die Anfangswärme soll 15 bis 18° R nicht übersteigen, um später beim Austrocknen auf etwa 24 bis 26° R zu steigen. Die gut trockenen Leder werden dann mit der Aasseite nach außen der Länge nach zusammengeschlagen, glatt aufgeschichtet und im Fett acht Tage bis vier Wochen lagern gelassen zum gleichmäßigen Durchziehen und Fixieren des Fettes. Hier ist auch das Stadium erreicht, in dem die Felle aufbewahrt werden können, sofern aus irgend einem Grunde die Partie nicht sofort fertig zugerichtet werden kann. Natürlich müssen die Felle dann auch ganz trocken sein, ehe sie aufgestapelt werden, damit jede Gefahr der Selbsterhitzung ausgeschlossen ist. Wiederholtes Umschichten ist trotzdem unerläßlich.

Dekrassieren (Abfetten).

Die hinreichend im Fett gelagerten Leder werden nun auf beiden Seiten vom aufsitzenden Fett und von der Seifenpaste befreit. Zuerst wird die Aasseite vorgenommen und mit einem scharfen Stahlschlicker das Fett abgestoßen, wobei aber die eingearbeiteten Flanken und dünnen Seitenteile, welche jetzt zusammengetrocknet sind, nicht berührt, sondern geschont werden müssen. Nach peinlich sauberer Ausführung dieser Arbeit erfolgt die Dekrassierung der Narbe. Hierzu wird ein scharfes, glatt poliertes Blanchiereisen, ohne Draht, gebraucht, womit die aufsitzende Paste sorgfältig und rein entfernt wird, damit beim nachfolgenden Blanchieren keine ungleichen Stellen entstehen können.

Blanchieren.

Die dekrassierten Leder werden zum Blanchieren auf der Aasseite mit dünnem Seifenwasser mittelst der Bürste leicht angefeuchtet und zum gleichmäßigen Anziehen einige Zeit auf dem Bock hängen

Fig. 11. Das Krispeln mit der Hand.

gelassen. Damit die Leder in dem gewünschten Feuchtigkeitsgrade zum Blanchieren gelangen und nicht wieder zu trocken werden, sollen stets nur so viel Leder angefeuchtet auf dem Bock hängen, als man in einer gewissen Zeit blanchieren kann. Der angefeuchtete Stapel wird gewendet und mit dem zuerst angefeuchteten Leder begonnen.

Die Leder werden der Länge nach blanchiert, die Flämen und eingearbeiteten Seitenteile ganz leicht, und zwar nur soweit, daß die Fleischseite freigelegt wird. Das Nachblanchieren erfolgt der Quere resp. Breite nach, und zwar ohne die Felle vorher austrocknen zu lassen.

Hierbei dürfen die Flämen nicht mehr berührt werden. Es wird dazu auch ein leichteres Blanchiereisen mit feinerem Draht verwendet als zum ersten Blanchieren.

Das Blanchieren kann auch auf einer Blanchiermaschine ausgeführt werden; vgl. die Abbildung auf Seite 80.

Narbenstoßen.

Die blanchierten Leder erhalten nun eine nochmalige Bearbeitung der Narbe. Diese wird jetzt in kurzen Stößen, wie beim Nachfassonieren gestoßen, und das Leder verdankt dieser Arbeit die milde, zarte Narbe; dieselbe wird dadurch an die Lederhaut mehr angeschlossen und dabei egalisiert. Sollten in der Narbe Eindrücke vorhanden sein, so müssen diese jetzt mit dem glattpolierten Stein entfernt werden.

Aufkrausen.

Je nachdem die Narbe fest oder minder fest ist, wobei die Gattung (Mutter- und Ochsfelle) zu berücksichtigen ist, werden die Leder in vier, sechs oder acht Quartieren aufpantoffelt, die Flämen und eingearbeiteten Seiten werden gar nicht berührt und auch die dünneren Lederpartien dementsprechend behandelt. Sollten sich die Leder zu trocken anfühlen oder in der Narbe etwas grob sein, so empfiehlt es sich, die letztere vor dem Nachfaçonieren mit einer Seifenschmiere oder mit Seifenpulver einzureiben.

* * *

Fig. 11 zeigt das Krispeln mit der Hand, Fig. 12 das Krispeln auf maschinellem Wege.

Fig. 12. Krispelmaschine der Fortuna-Werke.

II. Braune Wichsleder.

Die zu Braun bestimmten Wichsleder — meist auch „braunes Kalbleder“ genannt — werden nun je nach der Beschaffenheit der Fleischseite und je nach dem Wunsche der Kundschaft auf der Aasseite entweder einfach glasiert, oder vorher angeseift und erst dann glasiert. Aus den dazu dienenden zahlreichen Kompositionen ist die einfache Seifenschmiere am geeignetsten.

Eine gute Seifenschmiere wird wie folgt bereitet: In 10 l destilliertem oder Regenwasser wird 1 kg Marseilleseife gelöst. Dieser Lösung werden $1/2$ kg geschmolzener säurefreier Talg, $4^1/_5$ kg helles Wachs und $1/2$ kg heller geruchloser Tran oder Olivenöl zugesetzt, das Ganze aufgekocht und bis zum Erkalten umgerührt. Die Mischung bildet im erkalteten Zustande eine seimige, dickzähe Masse, womit die Aasseite leicht überstrichen wird, um nach dem Einziehen mit einer weichen Bürste abgebürstet und glasiert zu werden.

III. Schwarze Wichsleder.

Das Wichsen. Von den zu Schwarz bestimmten Ledern wird ein Teil auf die rein gemachte Tafel gelegt, das größte Leder unten, das kleinste oben, mit der Aasseite obenaufliegend, und in diese mit der runden, ziemlich steifen Wichsbürste die Wichse hineingebürstet. Es werden stets nur kleine Quantitäten Wichse an die Bürste genommen und in runden Zügen vom Hinterteil ausgehend gegen die Kopfseite hin verrieben. In den schwachen Teilen muß darauf geachtet werden, daß die Wichse nicht durchschlagen kann.

Ist die ganze Fläche gut schwarz, so wird das Fell mit einer trockenen steifen Bürste nachgebürstet, um die Wichsschicht zu egalisieren, worauf dann mit der Hand nachfrottiert wird. Das Leder darf beim Frottieren mit der Hand nur sehr wenig abfärben. Die fertige Seite wird abgebürstet, die andere Seite vorgenommen und ebenso behandelt.

Die Hauptsache ist, daß die Wichse gut verrieben und peinlichste Sauberkeit beobachtet wird. Dann bleiben die Felle acht bis zwölf Tage liegen zum völligen Einziehen und Fixieren des Wichsfettes. Beim Lagern sind nur kleine Haufen zu bilden und diese gut zuzudecken, um jeden Staub fernzuhalten.

Eine gute Wichse wird wie folgt hergestellt: 5 Teile Kienruß werden mit 10 Teilen gekochtem Leinöl übergossen und stehen gelassen, bis sich der Ruß mit dem Öl durchtränkt hat. Unter langsamem Nachgießen von weiteren 20 Teilen gekochtem Leinöl wird die Masse auf einer Platte verrieben, bis dieselbe vollständig vermengt ist und nur eine einzige homogene Masse bildet. Dieser Masse werden 30 Teile Robbentran, welche mit 20 Teilen Weichtalg und 3 Teilen Mineralwachs zusammengeschmolzen wurden, zugesetzt. Die Mischung muß eine vollkommene sein, worauf eine Ochsengalle hineingerührt wird, welche ähnlich wie Eiweiß wirkt.

Der Zusatz einer solchen für obige Wichse ist aber nicht unbedingt nötig, da sich die letztere auch ohnedies mit den Fetten sehr gut abmischt. Diese Wichse grundiert gut und schlägt nicht durch. Die genügend gelagerten Leder werden dann getrocknet.

Das Glänzen.

Die trockenen Leder werden abgebürstet und erhalten einen zweimaligen Glanzauftrag, von denen der erste mit einer weichen

Fig. 13. Schwärz-, Appretier- und Aböl-Maschine „Applicator" (Vorderansicht) der Maschinenfabrik Turner A.-G., Frankfurt a. M.

Bürste, der zweite mittelst Schwammes aufgetragen wird, und wovon die Mutterfelle weniger, die Ochsenfelle mehr bekommen, namentlich an losen Stellen und in den Abfällen. Die fertig geglänzten Leder werden nun am Kopf aufgehängt und getrocknet. Sind vier bis sechs Leder geleimt resp. geglänzt, dann wird das erste Leder abgelegt und so bei jedem weiteren Aufhängen eines geglänzten Leders auch ein solches abgenommen. Sind alle Leder zum ersten Male geglänzt, so erfolgt das Glasen, wobei die Tafel zuvor mit einem in Talkum getauchten Lappen überwischt wird, damit die Narbe nicht kleben kann und rein bleibt. Die Leder werden der Quere nach glasiert. Äußerste Reinlichkeit ist Bedingung. Nach dem Glasieren wird der zweite Glanz mit dem Schwamm aufgetragen, wieder aufgehängt, getrocknet und glasiert.

Der Leimglanz wird kalt aufgetragen und kann, wenn er zu dick erscheint, mit etwas lauwarmem Wasser verdünnt werden. Das Auftrocknen soll langsam erfolgen, bei nicht mehr als 18° R Wärme und guter Ventilation. Trocknet man zu schnell, so trocknet die Oberseite rasch an, aber die innere Schicht bleibt feucht, fängt beim Lagern an auszupechen, und die Leder kleben zusammen. Die Trockenzeit währt unter den angeführten Umständen ca. 24 Stunden. Es haben sich folgende Glänze bewährt:

Als erster Auftrag: 1 kg erkalteter, gelatinierter Handschuhlederleim, 3/4 kg weiche, neutrale Kaliseife, 1/8 kg gekochtes Leinöl (im Winter bis zu 1/5 kg, damit der Leimglanz nicht zu dickflüssig ist), und 20 g Anilinschwarz werden mit 50 g Essigsäure verrührt und in 1/2 l Wasser von 60° R gelöst.

Der Handschuhleim wird aus den Abfällen solchen Leders bereitet, indem man 1 Teil Abfälle in 10 Teilen Wasser drei Stunden gut kocht, das Ganze während des Kochens fleißig rührt und dann durch ein Tuch filtriert.

Als zweiter Auftrag: 1 kg obiger Lederleimmasse, 1 l Wasser, 20 g schwarze Schmierseife, 100 g Weichtalg und 100—200 g gekochtes Leinöl. Sämtliche Bestandteile werden in der Hitze gemischt.

Ein weiterer Glanz kann aus: 1 Teil Seife in 5 Teilen Wasser, 4 Teilen Gelatine und nach dem Aufkochen zuzusetzenden 2 weiteren Teilen Gelatine hergestellt werden.

Seifenpulver wird bereitet, indem man Seife ganz fein schabt, vier bis fünf Tage trocknet und dann zu Pulver verreibt.

Genarbtes Kalbleder.

Bei der Fabrikation dieser Kalbledergattung hängt der Erfolg wieder zum großen Teil mit von der richtigen Auswahl der geeigneten Rohware ab. Da hier die Narbe in den Vordergrund tritt, muß dieselbe vollständig unbeschädigt sein. Ferner geben bekanntlich Felle von weiblichen Tieren die gleichmäßigste Körnung, so daß also in erster Linie auch solche zu dieser Kalbledersorte aussortiert werden müssen. Im übrigen nimmt man dazu die flachen Felle. Hier kommt es auf eine gleichmäßig gestellte, weite Fläche an. Die Felle können deshalb wohl flach, dürfen aber dennoch nicht abfällig sein. Einzelne, weniger tiefsitzende Schnitte schaden weniger, so daß sich hier in einem rationell arbeitenden Betriebe mehrere Gesichtspunkte zur zweckmäßigen Verteilung des Rohmaterials ergeben. Die Hauptsache ist hier eben die Narbe, und zwar findet der Gerber das geeignete Rohmaterial mehr in gesalzenen als trockenen Kalbfellen, da letztere zu häufig mit Narbensprüngen etc. behaftet sind. Daß die Felle vollständig gesund sind und keinerlei Faulstellen aufweisen dürfen, ist natürlich Voraussetzung. Auch wenn die äußeren Narbenschichten noch nicht direkt zerstört sind, ist solche Ware zu Narbenkalbleder doch nicht geeignet, denn diese Stellen markieren sich später im fertigen Fabrikat als scharf abgegrenzte blinde, matte Flächen; der frische, lebendige Naturglanz fehlt und es gelingt dem Zurichter auch nicht, diesen Mangel durch besondere Hilfsmittel zu ersetzen, und vor allem dort eine gleichmäßige, üppige Körnung der Narbe — wie sie eine gesunde Haut zeigt — zu erzielen. Die Teile des Felles, denen infolge Fäulnis wertvolle Bestandteile verloren gegangen sind, werden vielmehr immer eine flache, mehr oder weniger schwammige, lose Narbe aufweisen.

Die Vorarbeiten.

Sowohl das Weichen als das Wässern wird genau nach denselben Gesichtspunkten ausgeführt, wie wir es bei Wichsleder beschrieben haben. Beim Strecken, sofern dasselbe notwendig wird, muß sehr vorsichtig vorgegangen werden, damit die Narbe nicht gesprengt wird. Man hüte sich vor allem, diese Arbeit vorzunehmen, wenn die Felle noch nicht genügend erweicht sind. Erst im erweichten, elastischen Zustande gibt das Gewebe den Wirkungen des Streckeisens so weit nach, daß man ein Sprengen nicht zu befürchten braucht.

Die Äscherung geschieht im allgemeinen auch wie bei Wichsleder beschrieben, sie soll aber etwas weiter ausgedehnt werden, da von dieser Kalbledersorte eine noch größere Weichheit verlangt wird, als bei Wichsleder, die trotz aller Weichheit und Milde noch einen gewissen Stand aufweisen müssen. Das Enthaaren geschieht vorteilhaft im Walkfasse, wobei Narbenbeschädigungen sicherer zu vermeiden sind als beim Enthaaren mit dem Eisen. Es ist dazu notwendig, daß man die Felle erst dann zur Enthaarung bringt, wenn sie das Haar recht gut lassen. Sie kommen dann auf ca. 2 Stunden in lauwarmes Wasser, daraus ins Walkfaß und laufen darin etwa 15—20 Minuten unter Zufluß von solchem, gelangen nun in frisches Wasser und von hier nach einigen Stunden in einen frischen Weißkalkäscher.

Dasselbe zeichnet sich durch einen ruhigen und leichten Gang aus und gewährt infolgedessen große Kraftersparnis.

In dem Weißkalk bleiben die Felle nun etwa 2 Tage länger als Wichsfelle und zwar richtet man sich am besten so ein, daß dieselben nach dem Enthaaren zunächst in einen bereits als frischen Äscher gebrauchten Kalk und dann erst in einen ganz neu angestellten Äscher kommen.

Im übrigen werden die Felle dann genau so reingemacht wie die Wichsfelle. Doch ist auf die Beize hier ganz besonders acht zu geben. Dieselbe ist zweckmäßig etwas abzukürzen, weil zu dieser Ledersorte leichtere, flache Felle genommen werden sollen und in der Beize gerade die Narbe, auf deren Gesunderhaltung der größte Wert gelegt werden muß, am meisten angegriffen wird.

Die Gerbung.

Die Gerbung geschieht in derselben Weise wie bei Wichsfellen. Es hängt sowohl von der vorhandenen Einrichtung des Betriebes, als von der Art der zur Verfügung stehenden Gerbmaterialien etc. ab, ob man Gruben-, gemischte oder Brühengerbung wählt. Bemerkt sei hierbei, daß eine korrekt durchgeführte Brühengerbung ein feineres, klareres Narbenkorn ergibt als Grubengerbung. Die zarte Narbe kann sich in der Brühe besser, ungehinderter entwickeln, als in der Grube, wo sie mehr oder weniger hohem Drucke ausgesetzt ist.

Sowohl während, als auch nach der Gerbung ist eine letzte Prüfung der Felle vorzunehmen, ob sich deren Narbe auch so fein und gleichmäßig entwickelt, daß ein prima genarbtes Kalbleder daraus hergestellt werden kann. Jetzt ist noch immer Zeit, die nicht dazu geeignet erscheinenden Felle dem Zwecke zuzuführen, zu dessen Verwendung sie mehr Erfolg versprechen. Ist die Partie in dieser Richtung hin nachsortiert, so gelangen die Felle in die Zurichtung.

Die Zurichtung.

Es ist eine erfreuliche Tatsache, daß im allgemeinen die Qualität fast jeder Sorte Leder in den letzten Jahren erheblich besser geworden ist. Am auffälligsten sehen wir dies bei schwarzgenarbtem Kalbleder, denn wohl selten begegnet man auf den Lagern heute noch solchem Leder, das förmlich im Fett schwimmt, das besonders nach längerer Lagerung infolge des übermäßig hohen Fettgehaltes sowohl auf der Narben- als Fleischseite vollständig unansehnlich geworden ist. Das unbedingt sehr gefällige Aussehen besserer chromgegerbter Kalbleder hat veredelnd gewirkt, man hat sich auch bei der Herstellung lohgarer entschließen müssen, mehr auf ein besseres Äußere hinzuwirken. Dies gilt besonders von Klein- und Mittelbetrieben, in denen man früher die Konkurrenzfähigkeit durch möglichst hohes Gewicht, das man mit Fett erzwang, zu erreichen suchte.

Fig. 14. Walkfaß der Maschinenfabrik H. R. Gläser, Wien.

Die Felle werden zunächst im Walkfasse unter Zufluß von lauwarmem Wasser 15 Minuten gewalkt, wobei aller überschüssige Gerbstoff und Schmutz entfernt wird. Dann werden sie ausgepreßt und gelangen in das Sumachbad. Dasselbe stellt man an, indem man auf 100 Felle ca. 25—30 kg feinsten Sumach mit kochendem Wasser brüht, auf Blutwärme abkühlen läßt und die Felle hineinbringt. Es empfiehlt sich, das Bad für kleinere Partien, etwa je 50 Felle, anzustellen, da man dadurch eine gleichmäßigere Wirkung erreicht. Man richtet sich am besten ein System von mindestens 2 Gefäßen dazu ein, bringt die Felle in das erste, schon einmal benutzte angewärmte Bad und nach ca. 24 Stunden erst in den ganz frischen Sumach. Spätestens nach 3maligem Benutzen müssen die Brühen fortgelassen werden. Aus diesem Sumachbad werden die Felle sofort abgewelkt und zwar in der Presse, dann auf der Tafel mit dem Messingreck gestoßen, auf der Narbenseite leicht abgeölt, eine kurze Zeit zum Ablüften aufgehängt, auf der Tafel von der Fleischseite gestoßen, mit der Bürste geschmiert und wieder aufgehängt. Anstatt sie auf der Tafel einzufetten, kann man dies auch im Schmierwalkfasse ausführen. In diesem Falle werden die gefetteten Leder auf der Tafel von der Narbenseite aus gut gestoßen und ebenfalls zum Trocknen aufgehängt. Sind sie halb-, d. h. windtrocken, so stößt man sie zum zweiten Male von beiden Seiten und hängt sie wieder auf. In vollständig trockenem Zustande läßt man die Felle einige Zeit lagern, damit das Fett Gelegenheit hat, sich im Innern des Felles gleichmäßig zu verteilen. Es folgt dann das Schwärzen. Die Felle werden zunächst mit Blauholzabsud gut grundiert. Um einen schönen, blauschwarzen Ton zu erzielen, empfiehlt es sich, der Blauholzbrühe etwas doppelchromsaures Kali zuzusetzen, außerdem gibt man etwas Soda hinein, damit die Flüssigkeit überall gleichmäßig greift. Im allgemeinen wird das Schwärzen für eine ganz nebensächliche Arbeit gehalten; gar häufig muß man aber erst, wenn es zu spät ist, einsehen, daß sie dies nicht ist, d. h. daß bei unsachgemäßer Ausführung die Felle später rot werden und dadurch die unangenehmsten Weiterungen entstehen. Bei der Ausführung des Schwärzens ist also genau darauf zu achten, daß die Blauholzbrühe nicht zuviel Soda erhält, daß sie nicht in zu großen Mengen aufgetragen wird und durchschlägt und ferner, daß sie mit der Bürste warm aufgetragen und vollständig eingerieben wird, ehe man die Eisenschwärze aufträgt. Nach dem Grundieren mit Blauholz bekommen die Felle einen gleichmäßigen, ebenfalls nicht zu starken Auftrag von Eisenschwärze. Hierbei ist darauf zu achten, daß die Bürste nicht zu voll genommen und Stelle für Stelle gut ausgerieben wird. Die Flüssigkeit muß ferner vollständig eingezogen sein, ehe man die Felle beiseite legt. Hat man versäumt, sowohl Blauholzbrühe als Schwärze gut einzureiben, so rußen die Felle später ab und werden auch sehr häufig rotfleckig.

Nach dem Schwärzen geht die weitere Bearbeitung auseinander, je nachdem man die Felle mit Chagrinnarbe oder Naturnarbe zurichten will. Die letztere gehört wohl mehr der Vergangenheit an und wird nur noch hier und da gearbeitet, der weitaus größte Teil der auf dem Markte erscheinenden schwarzgenarbten Felle ist chagriniert.

Chagrinierte Kalbfelle.

Die geschwärzten Felle werden nun, nachdem die ganze Partie durchgearbeitet ist, mit Helltran auf der Narbe leicht abgeölt und bis zum nächsten Morgen liegen gelassen, worauf sie leicht blanchiert werden. Sowohl vom Schwärzen als Abtranen bekommen dieselben meist schon den richtigen Feuchtigkeitsgrad zum Aufsetzen des Chagrins. Diesen zu treffen, ist die Hauptsache, denn sonst gelingt die ganze Narbung nicht. Sind die Felle aber zu trocken, so feuchtet man sie leicht an und läßt sie zum Durchziehen über Nacht auf Haufen liegen. Es wird nun die Fleischseite gut talkumiert und mit der Chagriniermaschine die Narbe aufgesetzt. Es ist eine Hauptbedingung, daß man für die natürliche Narbenbeschaffenheit das richtige Grain wählt. Hiervon hängt die Gleichmäßigkeit des

Fig. 15. Platten-Narbenpreß-, bezw. Satinier- und Bügel-Maschine der bayerischen Maschinenfabrik F. J. Schlageter, Regensburg.

Die hier abgebildete Maschine ist neuester Konstruktion, bei welcher der Preßkasten mit der aufgeschraubten Preß- oder Satinierplatte fest und ebenso der Auflagetisch völlig unbeweglich angeordnet sind. • Dieser Tisch besitzt in der Mitte entsprechend der Breite der Narbenplatte eine Aussparung. In diesem Tischspalt befindet sich der Preßriemen und das auf ihm liegende Filzband. Hierdurch wird ein stets gleichbleibender Abstand zwischen der oberen Preßplatte und dem Auflagetisch geschaffen, so daß der bedienende Arbeiter das zu pressende Leder seiner ganzen Länge nach stets vor den Augen hat. • Beim Pressen wird der Preßriemen mit dem zu pressenden Leder durch die Druckrolle gegen den geheizten Preßkasten und die Preßplatte angedrückt, während der Auflagetisch in seiner Lage bleibt. • Da die Druckrolle das Arbeitsstück nur in dem kurzen Augenblick der Pressung an die erwärmte Preßplatte drückt, so kommt eine längere Einwirkung der Wärme auf das Leder nicht mehr vor, wodurch dem Leder seine natürliche Weichheit und Geschmeidigkeit erhalten bleibt. • Dabei hat der Arbeiter die Möglichkeit, allenfalls auftretende Falten ungefährdet noch auszustreichen, wenn die Druckrolle schon im Laufen ist.

ganzen Felles ab. Auf ein zartes, feinnarbiges Mutterfell gehört eine ebenso feine Rolle, während der Ochse ein gröberes Grain erfordert. Im allgemeinen verwendet man für Kalbleder das runde, dem natürlichen Narbenkorn sehr ähnliche Dessin. Eine gute Arbeit wird man mit der Chagriniermaschine aber nur dann erzielen, wenn die Felle sehr gut gegerbt sind, nur dann kann die Rolle richtig eindringen und infolge der Elastizität des Gewebes das Korn auch gut stehen. Das genaue Gegenteil ist bei ungenügend gegerbten Fellen der Fall. Hier dringt die Rolle in das nicht elastische Fell nicht ein, drückt vielmehr die ganze Fläche nieder und das Resultat ist ein nur leicht aufgezeichnetes Grain, das bei der späteren Behandlung auch nicht gehoben werden kann.

Die Felle werden nun zum Trocknen aufgehängt, aber keineswegs ganz trocken gemacht. In nur äußerlich angetrocknetem Zustande nimmt man sie vielmehr auf die Tafel und kraust sie auf 4 Quartiere auf. Erst dann, wenn man auf diese Weise dafür gesorgt hat, daß die Narbe nach dem aufgedrückten Grain sich bricht, trocknet man vollständig auf, zieht auf 4 Quartiere unter sich, trocknet nochmals, krispelt auf 8 Quartiere und trant die Felle leicht mit Helltran ab. Nachdem die Felle über Nacht auf Haufen gelegen haben, werden sie auf der Narbenseite mit einem weichen Tuche abgerieben, dann mit einem solchen, das leicht mit Berberitzensaft getränkt ist, ausgerieben und schließlich mit einem Flanellappen nachpoliert. Der natürliche Glanz kommt dann recht vorteilhaft zum Vorschein.

Werden die Felle mit höherem Glanze verlangt, so trägt man einen künstlichen, etwa einen Leimglanz, auf; in der Regel genügt aber vollkommen der Naturglanz.

Es gibt auch andere Zurichtungsarten, die sich ebenfalls gut bewähren, z. B. wird sehr häufig chagriniert, ehe die Felle geschwärzt und blanchiert sind. Dann ist aber ein vorheriges Egalisieren mit dem Falz notwendig, außerdem wird das Grain beim Blanchieren leicht zu sehr niedergedrückt, wenn die Felle noch etwas feucht sind. Blanchiert man aber in zu trockenem Zustande, so wird die Fleischseite nicht so schön glatt.

Naturgenarbte Kalbleder.

Diese werden im allgemeinen genau so gearbeitet wie die chagrinierten. Sie werden nach dem Schwärzen blanchiert, getrocknet, aufgekraust, wieder getrocknet, dann gekrispelt, leicht abgetrant und wie oben beschrieben weiter fertig gemacht. Die Flämen sind beim Krausen und Krispeln fortzulassen. Hier ist für das Gelingen der ganzen Arbeit die Hauptsache ein perfektes Krispeln, es müssen sowohl der richtige Feuchtigkeitsgrad als die Natur der Haut genau berücksichtigt werden, wenn eine halbwegs gleichmäßige Narbe erzielt werden soll.

Genarbte Hochglanz-Kalbleder.

Eine Untergruppe des schwarzgenarbten Kalbleders ist genarbtes Hochglanzleder. Dieses wird in der Zurichtung genau so behandelt wie das chagrinierte, nur darf es, da der Hochglanz durch Stoßen auf der Glanzstoßmaschine erzeugt wird, während der ganzen Zurichtung nur ganz wenig gefettet und auf der Narbenseite nur nach dem Auswaschen leicht abgeölt werden. Im übrigen ist auf peinlichste Sauberkeit zu sehen, besonders bei und nach dem Schwärzen, da ein reiner Glanz nur auf einem peinlichst sauberen Fell hervorgebracht werden kann und jedes Schmutzpartikelchen eine schmierige, matte Stelle hinterläßt.

Zur Erhöhung des Stoßglanzes gibt man dem Felle eine Appretur aus Eiweißlösungen, Blut, Kasein, Milch oder dergleichen. Es wirken sehr gut

frisches Rindsblut mit etwas Spiritus, in dem man Nigrosin aufgelöst hat, verdünnt;

eine 10%ige Lösung von Blutalbumin in Wasser;

geschlagenes Eiweiß mit gleichen Teilen Wasser verdünnt und dergleichen mehr.

Das Glänzen auf der Maschine geschieht in der Regel zweimal, das erstemal vor dem Krausen und Krispeln, das zweitemal nach dem Krispeln. Erforderlichenfalls trägt man auch hier noch einmal die Appretur vor dem Glanzstoßen auf. Zum Schluß überwischt man leicht mit einem mit Helltran getränkten Lappen, worauf der Glanz in einem tiefschwarzblauen Tone gleichmäßig hervortritt. Der Verkauf dieser feineren Kalbledersorten geschieht im Gegensatze zu den Wichskalbledern in der Regel nach Maß oder nach Dutzend, bei welch letzterem Modus die Länge plus Breite des Felles genommen und die Sortimente nach diesen Größen eingeteilt werden.

Beim Verkauf nach dem Flächeninhalt bedient man sich zur Feststellung desselben der Meßmaschine, wie wir eine solche nach einem der bewährtesten Systeme nachstehend im Bilde vorführen.

Fig. 16. Meßmaschine „Garantie“ der Maschinenwerke zu Frankfurt a. M., vorm. Kolb, Rieber & Co., G. m. b. H.

Die übrigen Kalbledersorten

sind in der „Feinlederfabrikation“ von J. Borgman[1] ausführlich beschrieben; ich verweise auf die einschlägigen Kapitel dieses Werkes.

Rindoberleder.

Rindoberleder, auch Fahlleder, Schmalleder, braunes Rind- oder Kuhleder genannt.

Zu dieser Ledergattung eignen sich am besten leichte Kuhhäute im Gewicht von 15—28 kg, auch sind dazu Kalbinhäute recht gut passend, wenn solche nicht zu stark im Schild und Kopf sind. Schwere und starke Häute sind dazu nicht gut verwendbar, weil diesen zuviel „Leder“ entnommen werden muß und das fertige Fabrikat dann nicht mehr die glatte Aasseite besitzt, die gerade ein Hauptertordernis qualitätreichen Fahlleders ist. Auch bricht bei solchen Häuten die Narbe sehr leicht. Häute von alten Kühen eignen sich ebenfalls nicht gut zu dieser Oberledersorte, da solche zu abfällig in den Bäuchen sind und ein schwammiges Leder liefern.

Von einem guten Oberleder wird hauptsächlich weicher, milder Griff, eine gewisse Üppigkeit und möglichst hohe Wasserdichtigkeit verlangt, auch hier hängt schon sehr viel von der Auswahl passender Rohhäute ab; ferner muß bei jeder einzelnen Operation während des Gerbeprozesses darauf geachtet werden, den Häuten diese Eigenschaft zu erhalten bezw. sie ihnen zu verschaffen. Bullen- und grobe Ochsenhäute eignen sich demnach nicht zu Fahlleder.

Das Weichen und Wässern.

Grüne Häute läßt man nicht lange im Wasser, sondern darin nur ausbluten und den daran befindlichen Schmutz erweichen. Solche Häute sind in einem Tage bei 2—3 maligem Wasserwechsel genügend gewässert.

Gesalzene Häute gebrauchen 2—3 Tage bei 4—5 maligem Wasserwechsel.

T r o c k e n e erfordern zum gründlichen Erweichen 3—5 Tage. Der Zweck des Weichens ist erreicht, wenn die Haut in den Zustand zurückgeführt ist, den sie beim Abzug vom Tiere hatte.

---

[1]) Verlag von M. K r a y n, Berlin W.

Das Weichen kann durch mechanische und chemische Hilfsmittel beschleunigt werden, jedoch ist in ersterem Falle Vorsicht geboten. Bei Anwendung von mechanischen Hilfsmitteln, als Walkfaß, Kurbelwalke etc. wird die Rohware häufig beschädigt, da dabei die weicheren Partien ebenso stark bearbeitet werden als der Kern, wodurch diese naturgemäß zu lose werden müssen.

Zur Beschleunigung des Erweichens von hart getrockneten Häuten, wozu speziell die überseeischen gehören, bedient man sich am besten chemischer Hilfsmittel, von denen wir früher bereits verschiedene als empfehlenswert kennen gelernt haben, und zwar sind dies in erster Linie Schwefelnatrium und Ätznatron. Häufig werden trockene Häute aber auch auf dem Baume gestreckt.

Die Hauptsache ist, daß die Häute vollkommen weich, ferner blut-, fett-, fleisch- und mistrein in den Äscher gelangen. Den trockenen Häuten soll vor dem Einbringen in den Äscher kein frisches Wasser nach dem Strecken gegeben werden, da dieselben dadurch rauh werden. Es hat sich ferner als vorteilhaft herausgestellt, wenn die Häute etwas Weichwasser mit in den Äscher bringen.

Eine glatt geäscherte Haut kommt — wie der Gerber sagt — glatt in die Farbe und bei einiger Aufmerksamkeit auch glatt in die Zurichtung.

Das Äschern.

Der Äscher hat bei der Oberlederfabrikation einen doppelten Zweck zu erfüllen.

E r s t e n s soll dadurch die Entfernung des Haares und der Epidermis,

z w e i t e n s eine Lockerung der Hautgebilde und damit die Weichheit, Geschmeidigkeit und Zügigkeit, welche man von einem guten Oberleder verlangt, erzielt werden.

Beide Aufgaben werden durch einen rationell geleiteten Äscherprozeß gelöst, aber nicht allein durch den Kalk an und für sich. Würden wir die gewässerten Rohhäute in einen frisch angestellten Weißkalkäscher bringen, so würden diese rasch aufschwellen, aber erst nach längerer Zeit die Haare lassen, als dies bei Benutzung eines älteren Äschers der Fall ist, wogegen in einem solchen die Häute zwar eher das Haar lassen, aber nicht so stark schwellen würden.

Bei dem Dreiäschersystem ist eine entsprechende Wirkung leicht zu erreichen. Man arbeitet mit drei Äschern, von denen der älteste stets geleert und frisch angesetzt wird. In den schlechtesten werden die Häute zuerst gebracht, von diesem in den mittleren, daraus enthaart und schließlich wird in dem letzten frisch gestellten die erforderliche Schwellung herbeigeführt.

Man kann als Äscherzeit ca. 12 Tage annehmen, davon kommen auf den ältesten ca. 3 Tage, auf den mittleren ca. 4—5 Tage und auf den frisch angesetzten ca. 4 Tage.

Frische und gesalzene Häute werden zweckmäßig nur mit Weißkalk geäschert, wogegen es bei getrockneten Häuten zu empfehlen ist, dem ältesten Äscher Schwefelnatrium zuzusetzen.

Beim Frischansetzen des Weißkalkäschers kommt es nicht genau auf das Quantum an, da, wie wir wissen, sich nur ein ganz bestimmtes Quantum Kalk in Wasser löst, aber eine gewisse Menge noch ungelöster Kalk vorhanden sein soll, welcher den sonst zu stark auftretenden Zersetzungsprodukten neutralisierend entgegenwirkt.

Der Zusatz von Schwefelnatrium soll zweckmäßig erst am zweiten Tage geschehen, d. h. die frisch geweichten Häute sollen nicht direkt in den frisch zugebesserten scharfen Schwefelnatriumäscher gelangen, sondern erst in die schwache Brühe. Auf ein Kubikmeter Äscherflüssigkeit nimmt man ca. 3—4 kg Schwefelnatrium in 10 kg kochenden löschenden Kalk.

Die frisch in den Äscher gebrachten Häute müssen schon am folgenden Tage aufgeschlagen werden, ebenso später die in den frisch angesetzten Äscher gelangten, um nach kurzem Abrinnen wieder eingesetzt zu werden. Im übrigen schlägt man alle etwa zwei Tage auf.

Nach dem Zusetzen von Schwefelnatrium müssen die Häute am ersten Tage zwei- bis dreimal, die übrigen Tage mindestens je einmal aufgenommen werden.

Eine Beschleunigung des Äscherns kann ferner, wie in Band I des näheren ausgeführt, durch Wärme und Bewegung herbeigeführt werden. Die beste Durchschnittstemperatur ist 12—15° R. Eine Abkühlung im Winter bringt eine beträchtliche Verzögerung, weshalb sich dann eine Anwärmung der Äscher empfiehlt.

Das Enthaaren.

Die genügend gekälkten Häute werden aus dem Äscher genommen und über Nacht in 25° R warmes Wasser gelegt, wo dieselben verfallen und sich am folgenden Morgen leicht enthaaren älteste stets geleert und frisch angesetzt wird. In den schlechtesten werden die Häute gebracht, von diesem in den mittleren, lassen. Im Sommer genügt ein kürzerer Aufenthalt in warmem Wasser. Das Enthaaren nimmt man zweckmäßig im Walkfasse vor.

Die gehaarten Häute werden in verschlagenem Wasser ab-
hier eine größere Gleichmäßigkeit zu erzielen, empfiehlt es sich, den
schoren, beschnitten, und dann flach auf Haufen trocken gelegt. Hier können dieselben bis zu 5 Tagen ohne Gefahr liegen bleiben, sollen aber mindestens einen Tag trocken gelegen haben, bevor dieselben zum Schaben genommen werden. Sie sind dabei durch Zudecken mit nassen Decken oder rohen Häuten vor Antrocknen zu schützen.

Das Schaben.

Die Häute werden vom aufsitzenden Fleisch befreit, indem man zunächst den Falz mit dem Kern bis zur Ader bloßlegt, aber nicht tiefer geht, so daß der eigentliche Kern unberührt bleibt. Dann wird die ganze Haut der Länge nach geschabt.

Ist die Partie fertig geschabt, so können die starken Häute bis zu 5 Minuten trocken im Walkfaß gewalkt werden, worauf jede einzelne Haut durch Wasser von 20—25° R gezogen und zum Glätten auf den Baum genommen wird.

Das Glätten geschah früher mit dem Glätteisen, jetzt mit der Maschine; die Häute müssen dann rein von Grund und Grundhaaren sein, so daß eine weitere Narbenbearbeitung nicht mehr stattzufinden braucht. Die rein geglätteten Häute kommen dann in reines Wasser und von hier in die Beize.

Das Beizen.

Beim Beizen der schweren Oberlederhäute ist entgegen der Ansicht vieler Fachleute sehr wohl eine besondere Aufmerksamkeit notwendig, da der starke Kern nicht so bald durchgebeizt ist, die dünneren Partien dagegen leicht zu stark angegriffen werden. Um hier eine größere Gleichmäßigkeit zu erzielen, empfiehlt es sich, den Kern beim Schaben zweimal zu bearbeiten. Beim Herausnehmen der Häute aus dem Wasser muß ein nochmaliges Untersuchen des Kernes auf genügende Weichheit stattfinden, um nötigenfalls die noch nicht genügend weichen Stellen einer nochmaligen Bearbeitung von der Aasseite zu unterziehen. Erst dann ist die Grundlage zu einem gleichmäßigen Beizen der ganzen Haut geschaffen.

Die Häute werden in 30—35° R warmem Wasser gleichmäßig erwärmt, bevor sie in die eigentliche Beize gelangen. Die Beize kann aus Tauben- oder Hühnermist oder aus Hundekot oder auch aus Kleie angesetzt sein, am besten hat sich aber die Kotbeize für Fahlleder bewährt. Die Handhabung ist die gleiche wie die beim Wichsleder beschriebene.

Das Abziehen und Streichen.

Nach dem Beizen werden die Häute von der Aasseite mit einem halbscharfen Eisen hochkant bearbeitet, teils um die Fleischseite rein und sauber zu machen, dann aber auch, um den Kern nochmals in kurzen Strichen zu erweichen, damit hier ev. nachgeholt wird, was vielleicht bei früheren Aasbearbeitungen nicht genügend geschehen ist, so daß beim Einbringen in die Farbe die Blößen die hinlängliche Weichheit und Lockerung besitzen, wie sie von einem erstklassigen Fabrikat verlangt wird. Ein leichtes Streichen der Narbe kann vorgenommen werden, ist aber nicht unbedingt notwendig Hiermit wären die Reinigungsarbeiten erledigt. Die Blößen werden nun in frischem, klaren Wasser abgespült, über den Bock geschlagen und das Blößengewicht festgestellt.

Die Gerbung.

Da Oberleder möglichst voll und weich, dabei aber auch zähe sein soll, so ist es notwendig, in den Anfangsstadien mit schwachen Brühen anzufärben. Je frischer die Brühe ist, desto ärmer muß sie an Gerbstoff sein, um einen krausen Narben zu vermeiden. Ältere Brühen können dagegen reicher an Gerbstoff sein, weil die darin enthaltenen Zersetzungsprodukte das schnelle scharfe Angreifen des Gerbstoffes verhindern. Ferner ist folgendes zu beachten: Treibt man die Blößen in ganz alte schwache Brühen ein und läßt die Farbe beständig laufen, dann zehren die Blößen den vorhandenen Gerbstoff sehr schnell auf, und es ist dann die Möglichkeit gegeben, daß die faule Brühe auf die Häute wie eine Beize wirkt. Es können dadurch der Blöße viele wertvolle Hautbestandteile entzogen werden, und das fertige Leder wird dann immer losnarbig und leer sein. Es ist unbedingt notwendig, daß, je intensiver die Bewegung der Blößen in der Farbbrühe ist, dieser desto zeitiger größere Gerbstoffmengen zugegeben werden müssen, und es ist durchaus nicht schädlich, die Haspelfarben zu Beginn schon weit stärker anzustellen, als solche Farben, aus welchen die Häute aufgeschlagen oder in denen sie mit dem Ziehbrett getrieben werden.

Bei Haspelfarben kann man in einer Stärke von 1½—2° Bé eintreiben, ohne daß die Blößen wilden Narben ziehen oder hartnarbig werden, wogegen die Blößen in so starken Aufschlagfarben sicherlich wilden Narben erhalten würden.

Ferner kommt es auch darauf an, aus welchem Gerbstoff die Brühe hergestellt worden ist. Erfahrungsgemäß ziehen Eichenlohbrühen schneller Narben als Fichtenrindenbrühen, wogegen letztere die Blößen mehr heben. Im allgemeinen hat Rindengerbstoff übrigens die Eigenschaft, die Narbe weniger zusammenzuziehen als Holzgerbstoff, weshalb man auch letzteren in den Anfangsstadien nicht anwenden soll.

Die Auswahl geeigneter Gerbstoffe für die Herstellung der verschiedenen Oberledersorten ist von großer Bedeutung, da hierbei auch noch die Farbe eine sehr große Rolle spielt.

Ob nun Eichen- und Fichtenrinde mit Myrobalanen, Quebrachoholz, Gambier, Kastanienholz usw. kombiniert werden sollen, kann hier nicht bestimmt werden, da dies von der Qualität der zu erzielenden Ware und damit von der Preiswürdigkeit, den örtlichen Verhältnissen etc. abhängt. Wissen muß man jedoch, daß Quebrachoholz wohl schnell gerbt, aber holzige, härtliche Ware liefert, daß Gambier noch schneller gerbt, aber sehr lappig und weich macht. Sumach allein angewendet gibt ein leeres strohiges Leder, zum Schluß der Gerbung angewendet, wirkt dieser sowohl als auch Gambier aufhellend und zugleich mildernd auf eine harte Gerbung. Eichenholzextrakt macht zu fest und narbenbrüchig, während er in Verbindung mit Fichtenrinde, Quebrachoholz oder Gambier in mäßigem Verhältnis angewendet, sehr gute Dienste leisten kann. Sind uns die Eigenschaften der einzelnen Materialien bekannt, so wird es nicht schwer halten, die richtige Kombination zu treffen.

Die Gerbung kann nun auf verschiedenem Wege durchgeführt werden. Entweder macht man die Häute ganz brühegar, indem man sie in Hängefarben ausgerbt, oder man wählt ein Gerbsystem aus 1—2 Haspel-, 6—8 Hängefarben und einem Versenk, oder man gibt bei der Erzeugung ganz guter Qualitäten, etwa für Militärzwecke, eine Haspel-, vier Hängefarben, einen Versenk und zum Schluß einen Satz.

Die Haspelfarben sollen möglichst so gelegen sein, daß die Brühe der ersten Einhängefarbe in die Haspelfarbe übergedrückt werden kann. Die Haspelfarbe soll zum Ablaufen eingerichtet sein.

Im übrigen geschieht das An- und Durchgerben nach den für die Herstellung von Oberleder bereits früher beschriebenen Prinzipien.

* *
*

Ehe wir das Gerben weiter verfolgen, schicken wir einiges voraus über das

Spalten.

Das Spalten, welches vielfach schon aus dem Kalk, in andern Fabriken aus den Farben oder auch in vollkommen durchgegerbtem Zustande vorgenommen wird, soll bei Häuten, die für Wichsleder bestimmt sind, erst nach der vollständigen Durchgerbung geschehen, damit die Aasseite möglichst glatt wird, was erfahrungsgemäß beim Kalk- oder Farbenspalten nicht in dem Maße der Fall ist.

Bei Narbenledern kann das Spalten aus der 4. Hängefarbe geschehen, nachdem die Narbe genügend angegerbt ist und hinreichend Stand hat. Die gespaltenen Häute werden im letzteren Falle einige Minuten in Wasser gewalkt, dann 10—15 Minuten in 1—1,5° Bé starke Brühe gelegt, um daraus gleich in die fünfte Hängefarbe zu gelangen. Würde man die gespaltenen Leder ohne weiteres in dieselbe Farbe zurückbringen, aus welcher die Häute entnommen worden sind, so würde die frische Spaltseite, welche beinahe noch roh ist, in der starken Brühe zu schnell angerben und r a u h und h a r t werden.

* *
*

Beim Brühengarmachen würde sich nun, wenn man nach Blößengewicht rechnet, der Verbrauch an r e i n e m Gerbstoff pro 100 kg B l ö ß e a u f c a. 22—24 k g belaufen.

100 kg gebeizte Blöße zu 72% entsprechen rund 140 kg grüner Haut oder fünf Häuten von 28 kg grün. Um diese zu gerben, würde man also 22—24 kg reinen Gerbstoff gebrauchen. In Form von Eichenrinde gegeben, bei 10% Gerbstoffgehalt und einer Ausnutzung von 8%, würden diese 22—24 kg Gerbstoff in ca. 280—300 kg Eichenrinde enthalten sein. Dieses Quantum 10%iger Eichenlohe wäre also zur Durchgerbung von fünf Häuten, à 28 kg grün, erforderlich.

Nehmen wir nun eine wöchentliche Produktion von 100 Haut an von durchschnittlich 28 kg grün, so ergibt dies 2800 kg grün à 72% = rund 2000 kg Blöße und diese gebrauchen 5600 bis 6000 kg Eichenlohe.

Will man Eichenrinde, Fichtenrinde und Myrobalanen zu gleichen Teilen verwenden, so werden für 100 kg Blöße: 100 kg Eichenrinde, 90 kg Fichtenrinde und 27—30 kg Myrobalanen nötig. Oder für 100 Haut von rund 2000 kg Blöße:

2000 kg Eichenrinde, 1800 kg Fichtenrinde und ca. 540 kg Myrobalanen.

Eine gute Kombination ist auch folgende:

	Auf 100 kg Blöße:
60 kg Eichenrinde (à 10%) m. einer Ausbeute an Gerbstoff von 8% . . . . =	4,8 kg Gerbstoff.
50 „ Fichtenrinde (à 11%) m. einer Ausbeute an Gerbstoff von 9% . . . . =	4,5 „ „
30 „ Quebrachoholz (à 20%) m. einer Ausbeute Gerbstoff von 16% . . . . =	4,8 „ „
10 „ Eichenholzextrakt (à 30%) . . . =	3,0 „ „
10 „ Würfelgambier (à 50%) . . . . =	5,0 , „
160 kg Material.	22,1 kg Gerbstoff.

Eine weitere Kombinierung unter weitgehender Extraktverwendung wäre folgende:

Aus 100 Teilen Quebrachoholzextrakt, 50 Teilen Würfelgambier und 25 Teilen Eichenholzextrakt stellt man sich eine gemischte Extraktbrühe her. Eichen- und Fichtenlohe werden in fester Form gegeben. Auf 100 kg Blöße wären dann notwendig:

20 kg	teigförm.	Quebrachoholzextrakt	à 48% =	8,8 kg Gerbstoff.
10 „	„	Würfelgambier	à 50% =	5,0 „ „
5 „	„	Eichenholzextrakt	à 30% =	1,5 „ „
40 „	„	Eichenrinde	à 8% =	3,2 „ „
40 „	„	Fichtenrinde	à 9% =	3,6 „ „
115 kg Material.				22,1 kg Gerbstoff.

Den ersten Tag nach dem Eintreiben erhalten die Blößen: 4 kg Eichenrinde, 4 kg Fichtenrinde, nach drei Tagen wird aufgefrischt und dasselbe Quantum Lohe sowie 1 kg obiger Extraktmischung, d. h. 2 l von der im Verhältnis von 2 : 1 hergestellten Extraktlösung zugegeben.

Bei jedem weiteren Frischmachen verbleiben die Lohmengen dieselben, nur von der Extraktbrühe wird jedesmal 1 kg = 2 l mehr gegeben.

Bei der Kalkulation über die Gestehungskosten der verschiedenen Gerbmaterialien finden wir, daß mit reiner Eichenrinde die Gerbung am teuersten ist. Man kann unter Zugrundelegung der nachstehend angegebenen Gerbmaterialmengen und der jeweiligen Tagespreise der verschiedenen Gerbmaterialien die Kosten der Gerbung leicht feststellen.

Die im obigen angegebenen Gerbstoffmengen genügen vollständig zum Sattgerben der Blöße, nur darf seitens des Betriebsleiters die richtige Verteilung des Gerbstoffquantums natürlich nicht außer acht gelassen werden.

Das Gerbsystem muß schon vor Beginn der Gerbung vollständig feststehen und die Gerbstoffe müssen bereits vorher auf die einzelnen Stadien berechnet sein, so daß die Arbeiten vollständig systematisch durchgeführt werden können. Es darf die Partie dann nicht etwa mechanisch durch die Gefäße hindurchgeschleppt werden, genaueste Beobachtung ist in allen Stadien trotzdem unerläßlich. Die mit Extrakt gegerbten Oberleder benötigen, falls dieselben nicht eine Nachgerbung mit Lohe erhalten, eine Nachgerbung resp. Aufhellung mit Sumach und erfordern später auch ein intensiveres Auswaschen.

Die Zurichtung.

Ist schon eine volle Gerbung notwendig, um ein weiches, volles griffiges Leder zu erzielen, so erreicht man mit den einzelnen Verrichtungen der Zurichtung auch nur bei einem wirklich gut gegerbten Leder vollen Erfolg, ungenügend gegerbtes ist nicht imstande, das Fett in genügender Menge aufzunehmen und festzuhalten. Es wird immer klapperig und hungrig bleiben.

Eine gründliche Reinigung der Häute von noch anhaftendem Gerbstoff, Schmutz etc., sowie ein Auswaschen der Säure aus dem Innern sind unbedingt erforderlich zur Erzielung genügender Weichheit und Milde des fertigen Leders. Man wäscht die Häute im Walkfasse aus, indem man sie ca. 20 Minuten unter Zufluß lauwarmen Wassers laufen läßt. Aus dem Walkfasse werden die Häute abgepreßt, auf der Fleischseite mit dem Steinschlicker gestoßen und auf der Narbe leicht abgeölt. Sowohl zum Auswaschen als zum Ausrecken bedient man sich mit gutem Erfolge auch der nachstehend abgebildeten Ausreckmaschine.

Es folgt nun das Einfetten. Während man früher die Häute auf der Tafel zunächst glattstieß, dann mit der Bürste das Fett auf die Fleischseite auftrug und die Häute zum Trocknen aufhängte, bedient man sich in neuerer Zeit wohl fast ausschließlich des Walkfasses zum Einwalken des Fettes, oder man schmiert direkt im heizbaren Schmierwalkfaß. Ist das Fett gut eingezogen, so werden die Häute entweder auf der Ausreckmaschine oder auf der Tafel mit dem Reck gestoßen. Die Schmiere wird zusammengesetzt aus $^1/_3$ Talg, $^1/_3$ Tran und $^1/_3$ Degras. Die abgewogenen Quantitäten dieser Fette müssen in heißem Zustande zusammengebracht und bis zum Erkalten wiederholt verrührt werden, um ein Grieseligwerden zu verhindern. Es empfiehlt sich, die Schmiere nicht sofort

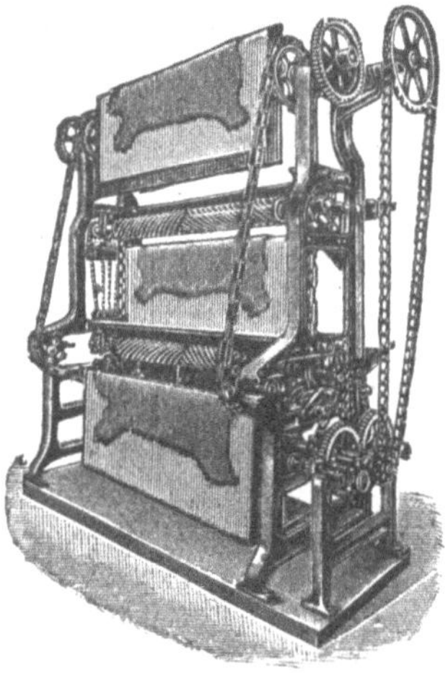

Fig. 17. Vertikale Reihentisch-Ausreck-Maschine der Maschinenfabrik Turner A.-G., Frankfurt a. M.

Wie schon die Bezeichnung andeutet, besteht die Eigentümlichkeit dieser Konstruktion in der Anordnung einer Anzahl von Arbeitstischen, die einen Kreislauf vollführen, während dessen sie 2 Paare von Werkzeugwalzen passieren. Zwischen dem einen und dem anderen Walzenpaar wird die Tischpolsterung mitsamt dem Fell automatisch verschoben, so daß das Verhängen des Felles, zwecks Bearbeitung der Stelle, welche beim ersten Durchgang auf dem Tischrücken lag, fortfällt.

zu verwenden, sondern immer vorher einige Zeit stehen zu lassen. Nach dem ersten Stoßen oder Plattieren werden die Häute aufgehängt, windtrocken gemacht und zum zweiten Male gestoßen. Beim Stoßen arbeitet man genau nach den bei Wichsleder des näheren beschriebenen Gesichtspunkten. Die Haut wird erst längs des Rückens festgelegt, beide Klauen in einen ca. 45gradigen

Winkel zur Rückenlinie gebracht und möglichst viel „Leder“ nach den dünnen Stellen, den Flämen und Seiten hin gearbeitet. Beide Hälften einer Haut müssen so exakt gearbeitet sein, daß sie sich beim Zusammenschlagen genau decken. Ferner ist die Narbe solange mit kräftigen Stößen zu bearbeiten, bis sie vollständig glatt ist. Falls die Häute schlecht kleben, gibt man etwas Schmiere darunter. Dann werden sie wieder aufgehängt und trocken gemacht.

Häute, die mit der Bürste geschmiert und im Fett aufgehängt wurden, läßt man im trockenen Zustande gern einige Zeit auf Haufen, gut zugedeckt, liegen, damit sich das Fett darin gleichmäßig verteilt und die Häute gleichzeitig durch das ebenfalls noch darin befindliche Wasser in einen Zustand versetzt werden, in dem sie sich leicht stoßen und façonieren lassen. Bei im Walk- oder Schmierfasse behandeltem Leder tritt aber schon während dieser Prozedur eine sehr gute Verteilung von Fett und Feuchtigkeit ein, so daß ein Lagern bis zum Reifwerden dann nicht mehr notwendig ist.

Die gut gestoßenen Häute werden also wieder aufgehängt und getrocknet, man läßt sie aber nicht zu stark austrocknen; sie haben den hinreichenden Trockenheitsgrad erreicht, wenn sie auf der Narbe gleichmäßig hell sind, auf der Fleischseite dagegen können sie sich noch etwas kühl anfühlen. Enhalten dieselben nämlich noch einige Feuchtigkeit, so erzielt man bei dem nun folgenden Blanchieren einen glatteren und glänzenderen Schnitt als im ganz trockenen Zustande.

Das Blanchieren geschah früher mit der Hand auf der Stein- oder Glastafel, jetzt mit der Maschine. Beim Handblanchieren wird erst von der von Nabel zu Nabel gehenden Mittellinie nach dem Schilde und schließlich auch nach dem Kopfe hin blanchiert; bei schweren, großen Häuten ist dies aber meist wegen der großen Ausdehnung derselben nicht möglich, so daß man gezwungen ist, auch schon beim Vorblanchieren vom Rücken nach den Seiten zu zu arbeiten. Das Nachblanchieren wird auf alle Fälle so ausgeführt und zwar ist hierbei genau darauf zu achten, daß die Schneide vollkommen rein ist, daß nicht zu dicke Späne fortgenommen werden und der Haut ein schöner, gleichmäßiger Strich gegeben wird. Der Draht am Blanchiereisen muß zu diesem Zwecke möglichst klein sein, denn nur damit ist die erforderliche Glätte zu erzielen.

Nach dem Blanchieren werden die Häute abgefranzt, dann zum Trocknen aufgehängt, auf 4 Quartiere aufgekraust, abermals

Fig. 18. Blanchier- und Buffiermaschine mit Andruckpolster der Maschinenfabrik Turner A.-G., Frankfurt a. M.

Der Schleifapparat liefert einen sorgfältigen, feinen Schnitt. Der Staub wird zwischen den Ständern vollkommen abgesaugt und durch einen Exhaustor entfernt. Da der Maschinenrahmen sehr groß gehalten ist, so können auch die größten Häute auf der Maschine bearbeitet werden.

Fig. 19. Schleif-, Effleurier- und Bürstmaschine der Bayerischen Maschinenfabrik F. J. Schlageter, Regensburg.

Die vorstehend abgebildete Maschine eignet sich zum Schleifen der Leder auf der Aas- und Narbenseite. Der im Ständer eingebaute Ventilator sorgt für eine gute Absaugung des Schleif- bezw. Bürststaubes während der Bearbeitung der Felle. — Beim Verwenden einer Bürstwalze eignet sich die Maschine auch sehr gut zum Abbürsten der Narben und der Narbenseite.

getrocknet, angeseift, noch 2 Quartiere gekrispelt,, geglast, getalkt und zum zweiten Male geglast.

Hier begegnet man in der Praxis verschiedenen Arbeitsmethoden, indem hier erst aufgekraust und dann getrocknet, angeseift, getalkt, gekrispelt und geglast wird. Dort fügt man auch ein Untersichziehen auf 2—4 Quartiere ein, wenn der Weichheitsgrad der Häute zu wünschen übrig läßt usf. Während der Behandlung ist auf peinlichste Sauberkeit zu halten, denn aller auf den Häuten zurückbleibende Schmutz hinterläßt einen mehr oder weniger großen Fleck auf der blanken Fläche. Als Seifenschmiere haben sich folgende Kompositionen bewährt:

Von 20 l Wasser nimmt man 1 l, kocht darin ½ kg isländisches Moos, seiht durch, setzt die Lösung dem Ganzen zu, erwärmt die Mischung, löst darin 1 kg Kernseife auf, fügt ½ kg Talg, 160 g gelbes Wachs und ca. 1 kg Helltran zu, kocht solange bis alles gut gelöst ist, rührt tüchtig durch und läßt allmählich erkalten. Das Ganze muß eine zähe, dicke Masse sein.

Oder: In 10 l Wasser kocht man bis zu völliger Auflösung 2 Pfund Seife und 1 Pfund Talg. Beim Erkalten muß öfters durchgerührt werden, sonst schwimmt der Talg oben auf.

Oder: 15 l Wasser werden mit 1 kg Seife gekocht, dann 500 g Gummitragant und 5 g Gummi arabicum sowie etwas heller Tran oder Degras zugesetzt. Gummitragant und Gummi arabicum müssen vorher in Wasser aufgelöst sein.

Oder: Man löst in 2 l Wasser durch Kochen 120 g Seife, 60 g Pottasche, 400 g gelbes Wachs, 150 g Kandiszucker, 60 g Gummi arabicum, 100 g Talg und 200 g Tran. Zuerst wird der Gummi aufgelöst, dann setzt man die Pottasche, hierauf die Seife, dann das Wachs, den Zucker und endlich den Talg und Tran zu. Mit dem Kochen wird solange fortgefahren, bis das Ganze eine gleichmäßige Masse geworden ist, die bis zum Erkalten noch gut umgerührt werden muß.

Die nunmehr fertigen Fahlleder werden, mit der Fleischseite nach innen zusammengelegt, früher nach Gewicht, jetzt nach Fläche verkauft.

Schwarze Rindleder

kommen auf dem Markte nur noch selten vor, nur als unechtem **Juchtenleder** begegnet man ihnen häufiger, denn es ist bei weitem der geringste Teil echtes, d. h. in Rußland mit Weidenrinde, dem für die Juchtengerbung charakteristischen Gerbmaterial, hergestelltes Juchtenleder.

Die vorbereitenden Arbeiten sind genau dieselben wie bei Fahlleder, nur werden zu schwarz bestimmte Rindleder in der Regel etwas länger gekalkt.

Die Zurichtung ist bis zum Trocknen nach dem zweiten Stoßen ebenfalls genau dieselbe. Nach dem Trocknen folgt dann aber das Schwärzen und zwar mit Blauholz-Abkochung und Eisenschwärze oder einer der künstlichen Schwärzen, wie solche heute mehrfach auf den Markt gelangen und sich auch gut bewähren. Nach dem Schwärzen werden die Häute mit Helltran gut abgetrant, dann auf Haufen geschichtet und am nächsten Morgen blanchiert. Es empfiehlt sich, die Häute — falls sie recht trocken sind — vorher durch Wasser zu ziehen, einige Zeit liegen zu lassen und dann zu blanchieren. Der Schnitt wird bei einer etwas feuchten Haut glatter und glänzender. Nach dem Blanchieren wird sauber abgefranzt, auf der Fleischseite kräftig getalkt und chagriniert. Man drückt auf der Chagriniermaschine dem Leder naturgemäß eine gröbere, zur Narbe passende Rolle auf, trocknet dann scharf, kraust auf 4 Quartiere auf, zieht 4 Quartiere unter sich, hängt nochmals zum Trocknen auf und krispelt die andern 4 Quartiere fertig. Nunmehr egalisiert man die Narbenseite mit der Handstichelrolle an den Stellen, die besonders grob erscheinen, trant gut mit Helltran ab und reibt mit einem mit Berberitzensaftlösung oder mit Zitronensäurelösung getränkten Lappen die Narbe gut ab. Nach einiger Zeit reibt man schließlich mit einem weichen Wollappen nach und bringt die nun fertigen Leder auf Lager.

Sollen die so behandelten Leder als **Juchten** verkauft werden, so ist der Unterschied in der Behandlung bloß der, daß man an Stelle des Tranes beim Abtranen der Häute sowohl nach dem Schwärzen als nach dem Krispeln d. h. kurz vor dem Fertigmachen dieselben mit Birkenteeröl abölt, um ihnen einen haltbaren Juchtengeruch beizubringen.

Vielfach wird schwarzes Rindoberleder auch mit stärkerem Glanze verlangt. Man erzeugt diesen einfach durch Auftragen von Schellack- oder Leimglanz, trocknet die Häute und legt sie, Narbe nach innen, auf das Lager.

Schellackglanz. Von 1 l 95%igen Spiritus nimmt man 800 ccm zum Auflösen von 250 g Blutschellack und 200 ccm zum Lösen von 5 g Nigrosin. Erstere Lösung stellt man am besten in einem Blechgefäß her, das nur leicht verschlossen ist und bei ca. 60—80° C im Wasserbad erwärmt wird. Je niedriger die Temperatur ist, je länger wird die Auflösung dauern, desto weniger wird aber auch Spiritus verloren gehen und umgekehrt. Nachdem alles gelöst ist, setzt man die Nigrosinlösung zu und schüttelt gut durcheinander. Hierauf stellt man die Blechflasche, deren Gewicht man vorher festgesetzt hat, auf eine Wage und gießt solange Spiritus zu, bis der Inhalt der Flasche 1300 g wiegt. Damit dieser Glanz nicht bricht, gießt man eine Kleinigkeit Lavendel- oder Terpentinöl zu; dasselbe geschieht, wenn der Glanz etwa zu grell ist. In einem kalten Raume zeigt dieser Glanz oft einen grauen Überzug, der aber sofort wieder verschwindet, sobald die Felle in einen warmen Raum gebracht werden.

Leimglanz. ¾ Eimer gute Blauholzabkochung (ohne Soda) werden mit 3 l Essig oder auch Bier in einem Kessel langsam bis zum Wallen erwärmt. Ist dies eingetreten, bringt man 2½ Pfund guten Leim, eine Tasse voll Spiritus, 1 Untertasse voll Eisenschwärze und eine Messerspitze voll Nigrosin hinein und erwärmt unter langsamem Umrühren solange weiter, bis alles gut gelöst ist. Hierauf läßt man langsam erkalten, und das Ganze muß, wenn die Arbeiten richtig ausgeführt sind, eine Gallerte bilden, die mit einem Schwamm oder Lappen gleichmäßig und nicht zu dick auf die Häute aufgetragen wird.

Gezogenes Rindleder oder gezogene Juchten.

Auch diese Spezialsorte wird bis zur Zurichtung genau so gearbeitet wie gewöhnliche Rindleder. Sie werden auch genau so wie diese ins Fett gebracht, wiederholt gestoßen und schließlich blanchiert. Anstatt sie nun wie die schwarzgenarbten Leder zu chagrinieren, werden sie gezogen. Vielfach nimmt man diese Manipulation auch schon vor dem Blanchieren vor, aber der Zug wird entschieden gleichmäßiger, er bleibt auch besser stehen, wenn man erst blanchiert. Würde erst gezogen, so müßten die Häute in ganz trockenem Zustande blanchiert werden, was jedoch auch gewisse Nachteile hat.

Man bedient sich zur Erzeugung der gezogenen Narbe des sogenannten Zugkammes oder Stahlzuges, eines Instrumentes, das sehr dem Stahlreck ähnelt, nur daß das Eisen in eine Anzahl gleichmäßig voneinander entfernter Zähne ausläuft. Diese sind glatt, gefeilt und poliert und zwar scharfkantig, aber nicht schneidend, so daß ein Einschneiden in die Narbe nicht möglich ist. Ebenso wie bei den Chagrinierrollen gibt es auch hier verschiedene Feinheitsgrade, je nachdem eben eine grobe, schwere Haut oder ein leichtes Fell damit behandelt werden soll.

Die blanchierten, auf der Fleischseite getalkten und noch etwas feuchten Häute werden nun auf die Tafel gelegt und zwar etwas weiter hinauf als sonst (der Rücken soll mit auf der Tafel liegen), das Lineal vom Schild ab schräg über die Haut gelegt und längs derselben die Haut mit dem Zugkamm unter einem gewissen Druck überfahren. Das Lineal wird parallel zu den ersten Linien weitergerückt und nachgezogen, bis die ganze Haut nach der einen Richtung liniert ist. Dann setzt man das Lineal an der anderen Seite rechtwinklig an und zieht die Haut nach dieser Richtung, bis dieselbe in ihrer ganzen Fläche kariert ist. Für gezogene Leder ist eine gute Gerbung Hauptbedingung, bei schlecht gegerbten würde die harte Faser nicht nachgeben, sondern die Narbe eher zerschnitten werden. Die Haut wird nun scharf getrocknet, dann vorsichtig unter sich gezogen, leicht mit Birkenteeröl abgeölt bezw. mit Helltran abgetrant, am nächsten Tage mit einem weichen Wolllappen ausgerieben und entweder nur mit Zitronensäurelösung ausgerieben und trocken nachgewischt, oder auch ein schwacher Glanz (etwa Handschuhleder-Abfallglanz) aufgetragen.

Rotes Juchtenleder.

Diese Ledergattung ähnelt in ihrer gesamten Herstellungsweise genau den vorstehend beschriebenen Rindledersorten. Sie wird sowohl genarbt als gezogen hergestellt. Die Arbeiten sind bis zum Schwärzen dieselben, nur dürfen solche Häute naturgemäß nicht so stark geschmiert werden, wie überhaupt peinlichst darauf zu achten ist, daß bei der Zurichtung sich kein Fett auf der Narbe festsetzt. Man gibt auch etwas mehr Tran unter die Schmiere, so daß das Schmiergemisch eine dünnere Konsistenz erhält. Ferner ersetzt man schon bei der Schmiere den Tran zum Teil durch Birkenteeröl und ölt die Häute nach dem Auswaschen nicht nur mit Leinöl oder Helltran, sondern mit diesem Öl ab. Um einen möglichst reinen Ton zu erzielen, gibt man den zu dieser Ledersorte bestimmten Häuten häufig auch nach dem Auswaschen ein Sumach-, oder — wenn man es haben kann — noch besser ein Weidenrindenbad. Im übrigen genügt es aber, dem Auswaschwasser etwas Salz- oder

Schwefelsäure zuzusetzen, wodurch die Farbe ebenfalls hinreichend verbessert und aufgehellt wird.

a) Chagriniertes.

Die in der bei Fahlleder beschriebenen Weise wiederholt gestoßenen Häute werden vollständig aufgetrocknet, ganz leicht auf der Fleischseite blanchiert, dann auf der Tafel mit der Bürste gefärbt, chagriniert, getrocknet, aufgekraust, unter sich gezogen, abermals getrocknet und entweder nur gut auf der Narbenseite ausgerieben oder mit einer ca. 5%igen Kaseïnlösung mit einem schwachen Lüsterglanz versehen.

b) Gezogenes.

Das Gezogene wird ganz genau so behandelt, nur wird es statt chagriniert mit dem Zugkamm kariert, dann ebenfalls scharf getrocknet, jetzt aber bloß unter sich gezogen, ausgerieben oder mit Kaseïn oder Leimlösung mit Lüster versehen.

Zum Färben benutzt man am besten Juchtenrot-Anilin, sonst kann man auch mit Holzfarbstoffen, nämlich Sandelholz-, Pernambukholz-Abkochungen etc. ausfärben.

Roßleder.

Die Roßlederfabrikation ist verhältnismäßig noch jungen Datums, sie hat sich aber in kurzer Zeit zu einem wichtigen Teile unserer Branche ausgebildet. Früher wurden die Roßhäute hauptsächlich zu einem minderwertigen Unterleder, zu Brandsohlleder, verarbeitet und nur seltener zu Oberleder, da man nicht recht wußte, was man mit dem Kern, dem Spiegel, anfangen sollte. Erst als man den Wert und die guten Eigenschaften dieses Teils der Roßhaut kennen gelernt hatte, bürgerte sich auch die getrennte Arbeitsweise für das Schild, den Spiegel, und den übrigen Teil der Haut, das in der Hauptsache zu Schuhleder, zum Teil aber auch zu Wagenverdeckleder verarbeitet wird, ein.

Das Schild kann man infolge seiner Beschaffenheit (siehe anatomischer Bau der Haut, Band I) nur zu Schuhzwecken und zwar nur von der Aasseite zurichten. Dieser Teil der Haut hat auf der Aasseite, auf der Lederhaut, noch eine hornartige starke Schicht, welche Spiegel heißt, aber selbstverständlich nicht aus der epidermoidalen Keratinsubstanz besteht. Es wird dieses Leder, wenn es sachgemäß bearbeitet und zugerichtet ist, einem guten Wichskalbleder zum mindesten gleichwertig. Was Haltbarkeit anbetrifft, so übertrifft es oft jedes andere Oberleder, sogar das feinste Kalbleder. Nur in heißen Ländern können Roßspiegelschuhe, der Dichtigkeit dieses Leder halber, die die Transpiration stark beeinträchtigt, gar nicht getragen werden. Die Roßspiegelfabrikation ist hauptsächlich in Deutschland, Holland, Dänemark, Rußland, Amerika und England zu Hause und in kleinerem Maßstabe auch in Österreich-Ungarn; die erste Stelle nimmt jedoch Deutschland und darin wieder Schleswig-Holstein ein. Die Roßschuhlederfabrikation dagegen wird fast überall betrieben. Die Produktion Deutschlands an Roßhäuten reicht bei weitem nicht aus, es werden deshalb solche aus allen Ländern eingeführt. Man unterscheidet hier zwischen Zahm- und Wildroßhäuten.

Von den Zahmroßhäuten sind speziell für Schuhleder am gesuchtesten die Häute schwereren Schlages, die eine große ausgedehnte Fläche liefern, die Häute der Arbeitspferde aus der französischen Normandie, Belgien, Holland und England.

Das Schild der schweren Häute ist dagegen für Spiegelware nicht so wertvoll und vorteilhaft wie bei Häuten leichteren Schlages.

Die deutschen Roßhäute sind, den deutschen Pferderassen entsprechend, bedeutend dünner und abfälliger. Das deutsche Gefälle unterscheidet sich unter sich wieder wesentlich voneinander, und auch hier ist, ebenso wie bei den Rindhäuten, die süddeutsche Haut die bessere.

Je leichter und abfälliger das Tier ist, desto leichter und abfälliger ist seine Haut. Diese leichten Häute sind infolge ihrer Abfälligkeit für Schuhleder weniger vorteilhaft, dagegen die Schilder für Spiegel sehr gesucht.

Die ungarischen und polnischen Roßhäute sind die geringsten, nicht allein wegen ihrer Abfälligkeit, sondern auch wegen der unreinen Beschaffenheit der Narbe, sowie wegen ihrer schlechten Schlachtung.

Die Wildroßhäute, d. h. die überseeischen Roßhäute, welche hauptsächlich aus Südamerika, dann aus Australien etc. zu uns eingeführt werden, sind bedeutend kleiner als Zahmroßhäute, zeichnen sich aber durch eine feinere Narbe und durch eine gedrungene Stellung aus.

Das Schild ist leider meist durch Brandzeichen entwertet. Die

Wildroßhäute kommen teils im gesalzenen, teils im getrockneten Zustande in den Handel.

Wässern und Weichen.

a) Frische Roßhäute.

Frische Roßhäute werden von Schwanz und Mähnen befreit, dann auf dem Baum von dem dicken Fleische resp. Fett und allem sonstigen Schmutz, soweit möglich, gereinigt und in frisches Wasser von ca. 12° R gebracht.

Am folgenden Tag wird das Wasser erneuert, am nächsten Morgen die Häute auf dem Baum von der Aasseite ausgestrichen, d. h. von aufsitzendem Fleisch, Fett, Blut und auch auf der Haarseite nochmals gereinigt, worauf sie wieder in frisches Wasser von 10—12° R kommen. Sollten am folgenden Tage noch Blutspuren vorhanden sein, so erhalten die Häute ein viertes frisches Wasser, jedoch nur in diesem Falle, sonst gehen die Häute aus dem dritten Wasser direkt in den Äscher. Auch ist ein zweites Reinigen auf dem Baume, jetzt wohl häufiger auf der Entfleischmaschine, nur eben dann notwendig, wenn die Häute stark fett-, fleisch- und schmutzhaltig sind.

b) Gesalzene Roßhäute.

Gesalzene Roßhäute werden durch Ausklopfen zunächst von anhängendem Salze befreit, Mähne und Schweif werden abgeschnitten und die Häute in frisches Wasser gewöhnlicher Temperatur gebracht. Lange Zeit und starkgesalzene Häute erhalten in drei bis vier Tagen vier- bis fünfmal frisches Wasser, alle übrigen Häute nur dreimal.

Aus dem zweiten Wasser werden die Häute genau wie die frischen gereinigt, in das dritte Wasser gebracht und aus diesem am folgenden Tage in den Äscher. Wildhäute, welche lange in Salz gelegen haben und womöglich im Salz trocken geworden sind, müssen ein bis zwei Tage länger gewässert werden.

Sowohl bei den gesalzenen als auch bei den frischen Roßhäuten ist eine Beschleunigung des Wässerns möglich, wenn man Weichkästen zum Einhängen benutzt, mit zufließendem und ablaufendem Wasser, wobei frische Häute am zweiten Tage und gesalzene am dritten Tage in den Äscher gebracht werden können.

c) Trockene Roßhäute.

Trockene Roßhäute werden von Schwanz und Mähne befreit, bevor solche eingeweicht werden. Die Weiche besteht aus frischem Wasser von 9—12° R., welchem auf je 10 hl oder pro Kubikmeter Wasser je 1 kg Ätznatron (Laugenstein) zugesetzt ist. (Dasselbe wird vorher in warmem Wasser gelöst.)

Durch diesen Zusatz wird die Weichdauer abgekürzt; dieser ist besonders bei sehr fetthaltigen Häuten zu empfehlen, da er das Fett verseifen hilft, wodurch dasselbe sich beim nächsten mechanischen Bearbeiten leichter entfernen läßt. Die Häute quellen zwar etwas auf, verfallen aber wieder beim Abspülen in reinem Wasser.

Das rationelle Weichen der trockenen Roßhäute ist eine heikle Arbeit, weil bei diesem Artikel beinahe 10—15% von gefallenen Tieren stammen und diese bedeutend blutreicher sind als Häute von geschlachteten Tieren. Der Blutreichtum erschwert insofern die Arbeit des Weichens, weil dabei die Gefahr der Fäulnis größer ist. Es empfiehlt sich deshalb, bei derartigen Häuten ein Antisepticum dem Wasser zuzusetzen, welches vor weiteren Schaden schützt. Trotzdem geht das Weichen nur unregelmäßig vonstatten; die am meisten angegriffenen Häute müssen sobald als möglich aus der Weiche entfernt, oder es muß immer neues Antisepticum hinzugefügt werden, was aber leider das Weichen verteuert.

Beim Weichen derartiger Partien müssen die am meisten gefährdeten Häute sobald wie möglich in den Äscher gebracht werden, selbst auf die Gefahr hin, nicht genügend erweicht zu sein; es muß dann später durch stärkeres mechanisches Bearbeiten nachgeholfen werden.

Normal getrocknete und nicht zu lange gelagerte Häute können am zweiten Tage, hart getrocknete und lange gelagerte Häute aber erst am dritten Tage gestreckt werden. Die Häute werden täglich aufgeschlagen, einige Zeit liegen gelassen und in dasselbe Wasser jedesmal wieder hineingeworfen, nachdem vorher aufgerührt worden war. Auch nach dem Strecken kommen die Häute in dasselbe Wasser zurück.

Trockene Häute müssen je nach Trocknung und Lagerdauer in vier bis sechs Tagen völlig erweicht sein. Es ist sehr zu empfehlen, daß Roßhäute, ob gesalzene oder trockene, gut gestreckt werden, selbst bei frisch geschlachteten Häuten ist das mechanische Ausarbeiten zu empfehlen.

Das Strecken.

Das Strecken hat jedoch sehr vorsichtig zu geschehen und zwar mit einem halbscharfen Schabeisen, wobei dafür gesorgt werden muß, daß die zusammengetrockneten Stellen und Ränder gehörig auseinandergehen. Würde man mit einem stumpfen Eisen die Häute strecken und dabei die dazu nötige Kraft anwenden, so würde im Halse und in den Seiten an vielen Stellen die Narbe gesprengt werden, wodurch die Haut für Narbenleder verloren wäre. Das halbscharfe aber glatte Eisen greift besser, es braucht nicht solche Gewalt angewendet zu werden, wodurch ein Sprengen der Narbe nicht zu befürchten ist.

Die Aasseite soll aber gänzlich vom aufsitzenden Fleisch, Fett und Blut befreit werden, damit einesteils das Äschern gleichmäßig vor sich gehen kann, und andernteils beim Haaren durch etwaige Unebenheiten auf der Aasseite keine Narbenschäden entstehen können. Zum Strecken dürfen die Häute nicht mehr zu hart sein, da dadurch der Effekt der Arbeit kein genügender wäre, jede Gewaltanwendung aber viele Narbenschäden, losgerissene Hautstellen etc. zur Folge haben würde.

Nach dem Strecken kommen die Häute in dasselbe Weichwasser zurück, um am folgenden Morgen in frischem Wasser abgespült und dann in den Äscher gebracht zu werden. Das Abspülen in frischem Wasser kann bei wenig ammoniakhaltigen Äschern fortfallen, hartgetrocknete Häute sollen aber unter allen Umständen direkt aus dem Weichwasser in den Äscher gelangen.

Das Äschern.

Die Äscherung verläuft analog der der übrigen Oberledersorten, nur muß man hier mehr als bei jedem anderen Oberleder besorgt sein, die Äscher möglichst frisch zu halten, weil gerade Roßleder durch den großen Blutgehalt sehr leicht Zersetzungsprodukte in den Äscher bringen. Weitere Schwierigkeiten entstehen infolge der Verschiedenheiten in der Beschaffenheit der Haut selbst, weil man das Schild intensiv, die übrigen Partien aber schonend äschern soll. Um dies zu erreichen, werden verschiedene Mittel angewendet. So wird z. B. der Spiegel gleich nach dem Weichen von der Fleischseite abgedeckt. Dies ist aber eine sehr schwierige Arbeit, die sich nur bei Häuten mit glattem Haar ausführen läßt. Dadurch, daß man den Spiegel schon ziemlich bloß gelegt hat, erreicht man dann ein stärkeres Angreifen des Äschers an diesen

Stellen. Eine andere Methode besteht darin, daß man den Spiegel nach den Haaren möglichst rein falzt und die Haut dann noch auf einige Tage in den frischen Weißkalkäscher bringt. Oder man bestreicht nach dem Haaren das gefalzte Schild mit einem Brei von $^2/_3$ Weißkalk und $^1/_3$ Schwefelnatrium ziemlich dick, legt dann die Haut zusammen und bringt sie in kalkhaltiges Wasser, wo die Häute zwei bis drei Tage liegen bleiben. Hierdurch erreicht man auch ein Lockern des Schildes bei möglichster Schonung der übrigen Teile der Haut.

Das zweckmäßigste freilich ist, nach dem Enthaaren das Schild von der Haut gleich abzutrennen und für sich nochmals auf acht bis zehn Tage in den Schwelläscher zurückzubringen. Jedoch liegt hier ein Übelstand wieder darin, daß dabei ein Teil des wertvollen Kernes verloren gehen wird, weil es sich sehr schwer, beinahe unmöglich genau bestimmen läßt, wieweit der Spiegel im Kern der Haut geht.

Unter normalen Verhältnissen soll bei frischen und gesalzenen Häuten das Äschern nur mit Weißkalk geschehen, bei trockenen Häuten jedoch mit Zusatz von Arsenik oder Schwefelnatrium, wobei die letzteren dann nach dem Enthaaren noch einen frischen Weißkalkäscher erhalten müssen.

1. Das Äschern mit Weißkalk.

Beim „Weißkalkäschern" sind drei Gefäße vorhanden, ein zweimal benutzter, ein einmal benutzter und ein frisch angesetzter Äscher. Der frische wird aus reinem frischen Wasser und frisch gelöschtem Weißkalk angesetzt, wozu auf 1 cbm Wasser 40—50 kg Weißkalk genommen werden, 40 kg reichen aus, aber der Überschuß ist von Vorteil als sofortiger Ersatz für verbrauchten Kalk.

In jedem dieser Äscher verbleiben die Häute 4—5 Tage. Nach dem Einbringen in den ersten Äscher werden die Häute den folgenden Tag aufgeschlagen, sonst jeden zweiten Tag, zum mindesten aber dreimal in der Woche. Sie werden einige Zeit zum Abpressen liegen gelassen und dann, nachdem der Äscher gut aufgerührt worden ist, wieder eingelassen. Befinden sich die Äscher in vor Luftzug geschützten und dem Licht wenig zugänglichen Räumlichkeiten, so sind besondere Vorsichtsmaßregeln nicht zu treffen;

ist dieses aber nicht der Fall, so müssen die aufgeschlagenen Häute durch Zudecken mit nassen Tüchern oder auf sonst irgend eine Art vor Luft und Licht geschützt werden.

Die Häute gelangen also zuerst in den zweimal gebrauchten Äscher, verbleiben dort 4—5 Tage, werden dann in den einmal gebrauchten zuletzt besten Äscher übergesetzt und kommen nach 6—7 Tagen in den frisch angestellten Äscher, um dort ebenso lange Zeit zu verbleiben und von hier aus zum Enthaaren zu gelangen.

2. Das Kälken im angeschärften Äscher.

Das Äschern mit Schwefelnatrium- oder Arsenikzusatz bei trockenen Häuten geschieht der besseren Lockerung halber, außerdem aber auch zur Beschleunigung des Kälkens und infolgedessen zur Erhaltung der Hautsubstanz.

Wollte man trockene Häute nur in Weißkalk äschern, so würden hier mindestens 4—5 Wochen dazu nötig sein; durch die lange Einwirkung des Kalkes würden die weicheren und loseren Hautteile aber an Substanz verlieren.

Beim Zusetzen des Kalkes zum frischen Äscher, wie überhaupt beim Zubessern muß man gut absetzen lassen, damit kein Sand oder kleine Steinchen mit in den Äscher gelangen, da sonst Gefahr vorhanden ist, daß die Narbe beschädigt wird, weil der Sand etc. sich in den Haaren festsetzt, auch beim leichten Abspülen nicht entfernen läßt und so beim Enthaaren mit dem Haareisen über die Narbe geschoben wird und dort unangenehme Kratzer zurückläßt.

Beim Äschern mit Schwefelnatrium rechnet man auf: 1 cbm Äscherflüssigkeit je 2½—3 kg Schwefelnatrium.

Dasselbe wird dem im Löschen begriffenen Kalk, und zwar auf 15—18 kg gebrannten Kalk je 1 kg Schwefelnatrium, während des Kochens beigefügt, oder man löst, wenn mit vorrätigem Kalkbrei gearbeitet wird, dasselbe in kochendheißem Wasser auf und setzt diese Lösung dann der Äscherbrühe zu. Hierbei rechnet man für

1 kg gebrannten Kalk 3 l dicken Kalkbrei.

Von dem „roten Arsenik“ gibt man

pro 1 cbm Äscherflüssigkeit 5—6 kg

je nach der Natur der Häute. Die Anwendung des letzteren ist dem Schwefelnatrium vorzuziehen.

Die mit einem der beiden Zusätze behandelten Häute müssen am ersten Tage mindestens zweimal aufgeschlagen werden, dann täglich nur noch einmal, die Häute sind nach 4—6 Tagen dann zum Enthaaren reif. Die enthaarten Häute erhalten noch einen frisch angesetzten Weißkalkäscher, worin dieselben 8—10 Tage verbleiben und wie üblich behandelt werden.

Die durchschnittliche Äscherdauer der Roßhäute beträgt 14 Tage bis 3 Wochen.

Das Äschern im Weißkalkäscher kann ebenfalls beschleunigt werden, sei es durch Erwärmen der Kalkbrühe, oder sei es durch Bewegen derselben. Der praktische Gerber muß eben den Moment erkennen, in dem der genügende Grad der Schwellung erreicht ist.

3. Das Anschwöden.

Anstatt die Häute in den Äscher zu bringen, kann auch ein Anschwöden derselben stattfinden und dadurch die Haarlockerung herbeigeführt werden. Die geweichten Häute werden hierbei glatt aufeinander, mit der Haarseite nach oben, auf Haufen gelegt und der Anschwödebrei aufgetragen. Der Auftrag geschieht gegen die Haare, die dickeren Stellen der Haut, wo die Haare fester zu sitzen pflegen, werden stärker bestrichen. Die angeschwödeten Häute werden mit der Aasseite nach außen zusammengeschlagen und in Haufen ca. 24 Stunden liegen gelassen, worauf dieselben enthaart werden können. Nach dem Enthaaren erhalten die Häute den oben beschriebenen frischen Weißkalkäscher.

Der Schwödebrei wird auf folgende Art bereitet:

5 kg Schwefelnatrium werden in 15 l kochendheißem Wasser gelöst und demselben
30 l gelöschter Kalk, d. i. Kalkbrei, zugesetzt.

Oder

6—7 kg Arsenik werden in 40 kg gebranntem Weißkalk während des Löschens gelöst

und diese Lösung mit Wasser zu einem Brei verdünnt, der an der Haut hängen bleibt und nach dem Aufstreichen nicht abfließt.

Die Vorbereitung zum Enthaaren.

Die im Weißkalk geäscherten Häute werden abends vor dem Enthaaren aus dem Äscher aufgeschlagen, abtropfen gelassen und in warmes Wasser von 25—30° R gebracht, worin dieselben zusammenfallen und sich dann am nächsten Morgen ohne Anstrengung Haare, Grundhaare und Gneist entfernen lassen.

Die mit „Zusatz" geäscherten Häute werden zum Zweck des Abspülens der ätzenden Flüssigkeit im Walkfaß mit zu- und abfließendem Wasser von ca. 25—30° R ½ Stunde gewalkt, wozu sich besonders die Lattentrommeln der Haspeln eignen, damit die Hände der Arbeiter geschont werden.

Das Enthaaren.

Die im Walkfaß behandelten Häute haben hier schon zum größten Teile die Haare mit abgegeben, es braucht bei diesen Häuten nur ein Nachenthaaren stattzufinden.

Das Enthaaren geschieht auf dem gesattelten Baum mit einem sorgfältig abgerundeten Eisen.

Das Enthaaren muß sorgfältig und gleich vollständig rein geschehen, damit die späteren Narbenbearbeitungen keinerlei Anstrengungen mehr erfordern.

Das Reinmachen.

Die enthaarten Häute werden am besten jetzt, wenn zu Schuhleder bestimmt, in Schild- und Halsteil getrennt, wenn dieses nicht bereits vor dem Einarbeiten geschehen war. Die **Schilder** werden nochmals auf 8—12 Tage in den Weißkalkäscher zurückgebracht, am besten aber jetzt in einen Haspelkalk, während die **Halsteile** in einen Fließhaspel mit Wasser kommen, dort ca. 15 Minuten gespült, dann glatt auf einen Haufen gelegt und dort mindestens 2 Tage liegen gelassen werden.

Da wo die Roßhäute nicht zu Schuhleder, sondern zu Vachetten gearbeitet werden, gelangen die ganzen Häute in frisches Wasser von ca. 15° R und verbleiben dort zwei bis drei Tage.

Die zu Schuhleder bestimmten Häute werden, wenn eine Spaltmaschine vorhanden, auf derselben bis zur annähernd verlangten Stärke egalisiert, sonst hat dieses mit dem Falz zu geschehen. Sie werden dann geschabt und beschnitten.

Das **Schaben** geschieht auf dem gepolsterten Baum mit halbscharfem Eisen, welches aber nicht etwa steil gehalten werden darf, sondern halbflach, damit die Narbe keinen Schaden, sei es durch Sprengen oder Aufreißen, erleiden kann.

Die geschabten Häute werden in bereitstehendes, frisches, lauwarmes Wasser von ca. 25° R geworfen, und hierauf nach beendigtem Schaben geglättet.

Das **Glätten** geschieht gleichfalls auf dem gepolsterten Baum mittelst des Eisens. Die Schneide desselben muß dünn und peinlich glatt sein, ohne jegliche noch so feine Scharte. Glättsteine dürfen durchaus nicht angewendet werden, will man den Schmelz der Narbe erhalten und auf den fertigen Ledern einen wirklichen, natürlichen Glanz erzielen. Beim Glätten wird das Glätteisen hochkant geführt und die Narbe unter gleichmäßig leichtem Druck erst in kurzen und zuletzt in langen Strichen bearbeitet.

Bei frischen und gesalzenen Häuten genügt, wie beim Strecken, so auch hier beim Glätten ein einmaliges Bearbeiten der Länge nach, bei trockenen Häuten ist es sehr angebracht, diese Arbeit auch noch in der Quere vorzunehmen, damit möglichste Zügigkeit und Lockerheit erzielt wird. Die geschabten und geglätteten Hälse kommen nun zum Absterben des Kalkes auf mindestens drei Tage in frisches Wasser von 12—15° R und darauf in die Beize.

Bei allen Arbeiten in der Wasserwerkstatt soll darauf geachtet werden, daß die Narbe nie länger als nötig mit der Luft in Berührung bleibt, vor allem aber keine trockenen Stellen erhält. An solchen bildet sich nämlich kohlensaurer Kalk, es entstehen Schattenflecke, blinde Stellen etc. Die Narbe ist dort rauh und wird, wenn diesen Stellen keine besondere Aufmerksamkeit gewidmet wird, leicht wund gerissen.

Die **Schilder** werden aus dem Weißkalkäscher in Wasser von 25—30° R ca. 15 Minuten geflossen, auf dem Baum rein ausgestrichen und in frisches Wasser von ca. 15° R gebracht, aus welchem dieselben am folgenden Tage geschoren resp. gefalzt werden. Ein Glätten findet nicht statt. — Die abgedeckten Schilder werden im Walkfaß mit zu- und ablaufendem Wasser von 25—30° R ca. ½ Stunde ausgewaschen und dann in einem leichten Salzsäurebad nachentkälkt:

pro 1 kg Blöße rechnet man 10 g Salzsäure in 25—30° R warmem Wasser.

Die Schilder werden dann ca. eine Stunde gespült, in ebenso warmem Wasser abgespült und ohne weitere Bearbeitung in die Farbe gebracht.

Das Beizen.

Die genügend gewässerten Hälse werden unter tüchtigem Abspülen aufgeschlagen und etwas abtropfen gelassen, um baldmöglichst in den Fließhaspel oder in das Walkfaß zu gelangen und mit 32° R warmem Wasser ca. 30 Minuten gespült resp. 15 Minuten gewalkt zu werden, von wo aus dieselben jetzt gleichmäßig durchwärmt in die in der Fließhaspel befindliche Beize gelangen und dort so lange verbleiben, bis dieselben durchgebeizt sind, was man an dem glatten, schlüpferigen Anfühlen der Narbe erkennt.

Das Beizen der Hälse kann auch im Walkfaß geschehen, und zwar mit Vogelmist- oder Kleienbeize. Ein Entkälken mittelst Säure ist nicht zu empfehlen.

Lange darf nicht gebeizt werden, nur bis die Blößen anfangen zu verfallen und durchgebissen sind.

Nach beendigtem Beizen werden die Hälse noch ½ Stunde in reinem Wasser von ca. 30° R gespült und von hier aus abgezogen und in frisches Wasser von ca. 15° R geworfen.

Aus diesem Wasser werden die Hälse auf den Baum genommen, die Narbe nachgesehen, ob vielleicht noch Grundhaare vorhanden sind, welche mit einem haarscharfen, völlig reinen Putzmesser wegrasiert werden, und die Hälse in die Farben gebracht.

Ein nochmaliges Bearbeiten der Narbe nach dem Beizen ist nicht notwendig und auch nicht zu empfehlen, da dieselbe jetzt sehr empfindlich ist. In vielen Roßlederfabriken wird überhaupt nicht mehr geglättet oder gestrichen, die Arbeit des Entkälkens wird durch Walkfaß und Beize besorgt, was auch angängig ist, sobald eine grundreine Enthaarung stattgefunden hatte.

Dic Gerbung der Hälse.

Roßleder wird vorteilhaft vorwiegend mit Quebrachoholz gegerbt, und zwar wird dieser Gerbstoff meist in Brüheform gegeben. Bewährt hat sich ½ Quebrachoholz und ½ Fichtenrinde, sowie ein Zusatz von etwas Gambier.

Die Farben dürfen anfangs nur geringen Gerbstoffgehalt besitzen, müssen aber frei von Säure sein.

Das Anfärben der Hälse kann in Haspelfarben geschehen, worin die Blößen am ersten Tage während der ersten zwei Stunden fortwährend, dann nur noch von Zeit zu Zeit auf 15 Minuten bewegt werden, um, wenn gut angefärbt, in die Hängefarben zu gelangen.

Um sicher zu sein, daß kein Zusammenrollen der Blößen im Haspel stattfindet, was bei längerer Dauer, z. B. über Nacht geschehen kann, schlägt man dieselben am Abend des ersten Tages erst noch einmal auf.

Beim Anfärben in der Haspel wird am 2. Tage zugebessert und die Blößen so wie am 1. Tage bewegt. Das Zubessern kann nach dem folgenden Schema durchgeführt werden, wobei die Blößen nach dem Verstärken ca. 1/2 Stunde, außerdem an jedem Tage 6mal auf je 10—15 Minuten bewegt werden.

Pro 100 kg trockene Haut:

1. Farbe	2 Tage,	am 2. Tage	15 kg	Fichtenrinde,	7 1/2	Quebrachoholz.
2. „	2 „	„ 2. „	15 „	„	7 1/2	„
3. „	3 „	„ 2. „	15 „	„	7 1/2	„
4. „	4 „	„ 2. „	20 „	„	10	„
5. „	4 „	„ 2. „	20 „	„	10	„
6. „	5 „	„ 2. „	20 „	„	10	„

Dort, wo mit Extrakt zugebessert wird, erhalten

die 2. u. 3. Farbe je 3 1/2 kg Fichtenlohe und 2 3/4 kg Quebrachoextrakt
„ 3 letzten „ „ 4 2/3 „ „ „ 3 5/8 „ „

Dort, wo nur Quebrachobrühen angewendet werden sollen, muß das Holz entweder vorher extrahiert werden, oder es wird mit käuflichem Extrakt gearbeitet. Bei eigener Extrahierung ist eine Batterie aus genügend großen Extraktionsgefäßen zu benutzen.

Die Einrichtung der Extraktionsanlage richtet sich nach dem Bedarf des Betriebes an Brühen, bezw. nach dem zur Anwendung kommenden Gerbverfahren. In der neueren Zeit, wo man immer mehr zur kombinierten Gerbmethode übergeht und die Verwendung hochgradiger Brühe sich immer mehr einführt, wird auch der Extraktion mehr Aufmerksamkeit geschenkt. Man benutzt entweder offene Gefäße, die miteinander verbunden sind, und mit Dampf angewärmt werden, oder man extrahiert in geschlossenen Extrakteuren, ev. unter Überdrücken der Brühen von einem Gefäß zum andern. Dies hängt aber wiederum von der Gattung des zur Verwendung gelangenden Gerbmaterials ab, Quebrachoholz kann ohne Zuhilfenahme von Dampf und ohne Kochen nicht genügend erschöpft werden. Das ausgekochte Material wird als Brennmaterial benutzt. Die Brühe wird vor der Verwendung gekühlt und zwar geschieht dies am vorteilhaftesten in einer besonderen Kühlgrube.

In derselben kann die Quebrachobrühe mittelst Alaun gleichzeitig entfärbt werden. Das Abfüllen der geklärten Brühe zum Gebrauche muß derart geschehen, daß der Bodensatz zurückbleibt. Dieser wird dann mit warmem Wasser nochmals verdünnt. Die Brühe davon läßt man von neuem absetzen, oder filtriert sie durch ein Gefäß mit gebrauchtem Material, von wo sie dann als Aufguß auf frisches Material benutzt wird.

Zum Klären genügen 2—3 kg Alaun, in heißem Wasser gelöst, auf je 1 cbm Flüssigkeit.

Beim Gerben mit reinen Quebrachobrühen beginnt man mit 2 bis 2½° Barkometer oder ca. 0,3° Bé und läßt die Brühen im Farbengange allmählich bis auf 30° Bark. = 4° Bé steigen, und zwar verbleiben die Häute in der

1. Farbe 1 Tag	5. Farbe 4 Tage
2. „ 2 Tage	6. „ 4 „
3. „ 3 „	7. „ 5 „
4. „ 3 „	8. „ 5 „

Auch hier haben sich Hängefarben am besten bewährt und zwar bei Bewegen der Brühen. Bei dem Überführen in die nächststärkere Farbe müssen die Hälse stets vorher in der gewesenen Brühe ganz rein abgespült und abtropfen gelassen werden. Im allgemeinen und namentlich in den Anfangsfarben ist darauf zu achten, daß die Stärke der Brühen nicht wesentlich zurückgeht und die Blößen nicht etwa sich in Farben ohne genügend Nahrung aufhalten. Nach 8 Farben sind die Hälse schon durchgebissen, sie erhalten dann reine frische Brühe von 40—50° Bark. = 5½—7° Bé, worin sie zum Sattgerben ca. 8—10 Tage verbleiben und mehrere Male aufgeschlagen bezw. aufgezogen werden.

Die in Haspelfarben mit Fichtenrinde und Quebrachoholz angefärbten und hinreichend angegerbten Hälse können, wie vorstehend, oder auch im Versenk oder Gerbfaß ausgegerbt werden.

Das Gerben im Gerbfaß dauert etwa 2—4 Tage, und man berechnet durchschnittlich pro 100 kg trockene Haut inkl. des beim Färben benutzten Gerbstoffes

75 kg Fichtenlohextrakt von 25° Bé.
58¾ „ Quebrachoextrakt „ 32° „

oder pro 100 kg Blöße:

55 kg Fichtenlohextrakt von 25° Bé.
44 „ Quebrachoextrakt „ 32° „

Die Brühe wird im Gerbfaß mit 2° Bé = 15° Bark. angesetzt und nach je 2 Stunden verstärkt bis zu 8° Bé = 60° Bark.

Um ein etwaiges Zugerben zu verhindern und auch möglichst das Reiben und Zusammenkleben der Narbe unmöglich zu machen, wird der Faßbrühe, nachdem das Faß etwa 10 Minuten bewegt worden ist, während des Umdrehens zugleich mit dem Extrakt ein Zusatz von Petroleum, Terpentin etc. gegeben, und zwar pro 100 l Brühe 1/3 l.

Das Gerbfaß muß mit der größtmöglichsten Brühemenge gefüllt sein, weil dadurch ein Reiben und Ballen der zu gerbenden Hälse verhindert wird und die Bewegung des Gerbfasses nach einigen Umdrehungen viel weniger Kraft in Anspruch nimmt, als wenn die gleiche Hautmenge mit weniger Flüssigkeit bewegt werden muß.

Der Ölzusatz erleichert das Durchgerben und gestattet bis zum völligen Sattgerben eine gleichmäßige Gerbstoffaufnahme, wodurch die Gerbung bedeutend rascher vor sich geht. —

Das An- und Durchfärben kann aber auch in einem Zyklus von 6 oder 8 Farben stattfinden, wo in der ersten Hälfte der Farben reine Fichtenlohe und in der letzten 1/2 Fichtenlohe und 1/2 Eichenrinde benutzt wird. Das Ausgerben geschieht dann in Versenken oder Brühen von reiner Eichenrinde.

Diese Art der Gerbung wird aber lediglich bei naturellen Ledern oder für zu hellen Farben bestimmten farbigen Ledern angewendet.

Die sattgegerbten Leder können nun entweder sofort nach der Zurichtung gebracht werden oder noch einige Tage in der starken Brühe verbleiben.

Die Gerbung der Roßschilder.

Die Roßschilder erhalten nur Quebrachofarben, welche beim Einbringen stärker sein dürfen, wie die zu Schuhleder benutzten, es darf auch ein fortwährendes Bewegen der Haspelfarben resp. der Brühen stattfinden, und ein stetiges Zubessern der Brühe vorgenommen werden, so daß die Schilder in ca. acht Tagen soweit angegerbt sind, daß das Reinfalzen des Spiegels und ein Narbenspalten oder ein Abfalzen der Narbe vorgenommen werden kann.

Nach dem Reinfalzen resp. Spalten kommen die Schilder in dieselbe Farbe zurück, worin dieselben ohne Zusatz 2—3 Tage verbleiben; sie werden dann im Gerbwalkfaß in 8° Bé = 60° Bark. starker Quebrachobrühe ausgegerbt. Hierzu kann auch die von den Schuhledern stammende, gemischte starke Brühe verwendet werden. Soll dies geschehen, so darf zunächst kein Zubessern stattfinden, sondern die Schilder erhalten nachträglich noch ein Gerbbad von reiner 8° Bé = 60° Bark. starker Quebrachobrühe.

Das Durchgerben der Schilder im Gerbfaß ist bei Anwendung von reiner Quebrachobrühe in ca. zwei Tagen beendigt, bei Benutzung gemischter Brühe dauert es etwas länger.

Die Gerbung ganzer Roßhäute.

Nachdem die ganzen Roßhäute 14 Tage bis 3 Wochen auf eine der oben angegebenen Arten gut angefärbt sind, werden die Blößen unter reinem Abspülen aufgeschlagen, dann gepreßt, im Walkfaß kurze Zeit trocken aufgewalkt, damit die beim Pressen erhaltenen Falten verschwinden, und darauf der Spiegel mit dem Falz abgedeckt.

Nachdem dies geschehen, wird derselbe ausgezeichnet und ausgeschnitten.

Das Abdecken geschieht, damit man besser erkennen kann, wie weit der Spiegel geht und damit auch ev. Fehler sichtbar werden. Die Handhabung des Ausschneidens geschieht auf zweierlei Art; in vielen Gerbereien werden die Schilder ausgezeichnet, nach dem Auszeichnen abgetrennt und im ganzen Schild ausgegerbt; in anderen Gerbereien werden die ausgezeichneten Teile ausgeschnitten und solche einzeln fertig gegerbt.

Nach dem Abtrennen des Schildes wird die übrige Haut im Kern auf einer Spaltmaschine gespalten oder mit dem Falzmesser entsprechend egalisiert.

Die dünnen Teile der Haut werden entweder ausgestoßen oder mit dem Falz rein ausgefleischt, die Ränder und Klauen ebenfalls und gleichzeitig egalisiert.

Alsdann kommen die Hälse wieder in die bisherige Farbe zurück und werden auf einem der oben angegebenen Wege ausgegerbt, was im regelmäßigen Betrieb, d. h. nur in Farben oder in Farben und im Versenk 3—4 Wochen dauert.

Die Schilder bedürfen einer längeren Gerbezeit; man verwendet hierzu möglichst weichmachende Gerbstoffe.

Die Zurichtung der Schilder.

Die sattgegerbten Schilder werden zunächst in einer schwachen Brühe ½ bis 1 Tag gehaspelt, dann im Walkfaß mit reinem Wasser einige Zeit gewalkt resp. ausgewaschen, ausgepreßt resp. so trocken als möglich ausgereckt, von der Narbenseite leicht getrant, zum Einziehen liegen gelassen und dann von der Aasseite bis zum reinen Spiegel gefalzt.

Jetzt werden die Schilder ausgeschnitten in Vorderteile, Vorderblätter etc. Die Vorderteile etc. werden von der Narbenseite egalisiert, durch Wasser gezogen, abgepreßt und geschmiert.

Ist das Schild bereits ausgeschnitten gewesen, so werden die einzelnen Teile nach Muster in Façon gestoßen und dann geschmiert.

Das Schmieren geschieht mit einer Mischung von 1/3 Talg, 1/3 Tran, 1/3 Degras auf beiden Seiten und zwar ziemlich stark. Dann werden sie zum Trocknen an einen erwärmten Orte aufgehängt.

Im übrigen wird die Zurichtung des Schildes sehr verschieden ausgeführt. Dort, wo nur Schilder gearbeitet werden, dürfte es wohl das empfehlenswerteste sein, die Schilder im ganzen auszugerben, auszuwaschen, zu egalisieren und zu schmieren und erst vor dem Falzen auszuschneiden.

Der Vorteil, den man bei der Zurichtung des ganzen Schildes hat, ist der, daß man eventuell Fehlern bis weithinein in die Zurichtung begegnet, indem man leicht eine Verschiebung der Muster eintreten lassen kann.

Der Vorteil, den man dagegen beim Ausschneiden während der Gerbung hat, ist ein ganz minimaler, indem man die kleinen Abfälle nicht mitzugerben braucht, wogegen bei der Gerbung des ganzen Schildes ein weiterer Vorteil noch darin besteht, daß bei der Bearbeitung des Schildes dasselbe sich ausdehnt und dadurch manchmal sich etwas mehr ausschneiden läßt.

Vielfach werden die Schilder auch nach dem Auswaschen, Pressen und Egalisieren im Schmierfaß geschmiert, und hierzu wird, um den härtlichen und hornartigen Spiegel etwas gefügiger zu machen, etwas mehr Degras wie zur obigen Schmiere genommen. Nach dem Schmieren und Trocknen im warmen Raum werden die Schilder durch warmes Wasser gezogen und zum Durchziehen auf Haufen gelegt, alsdann von beiden Seiten ausgefalzt, der Spiegel endgültig bloß gelegt und von der Narbenseite einige Spähne abgenommen, worauf das Schild ausgeschnitten wird.

Das Falzen nach dem Schmieren und Trocknen erfordert eine große Akkuratesse, nicht nur, daß der Kern bzw. der Spiegel sehr sauber und ohne Kratzer und Sätze ganz glatt gefalzt werden muß, der Falzer muß auch gleichzeitig egalisieren, d. h. häufig noch zu starke Stellen des Spiegels dünner falzen, und gerade diese Arbeit ist eine der schwierigsten beim Falzen. Sie kann deshalb auch nur von einem sehr geübten Falzer ausgeführt werden.

Läßt man den Spiegel zu dick stehen, so wird sich diese Stelle stets hart angreifen, also minderwertig bleiben. Nach dem Glattfalzen wird der Auschnitt von der Narbenseite egalisiert.

Hierauf erhalten die Ausschnitte einen Auftrag von Seifenschmiere. Ist dieselbe eingezogen, so werden die Stücke abgestrichen, mit Talkum eingerieben, gekrispelt, mit einem wollenen Lappen gereinigt und glasiert, womit die Zurichtung zu **braun** beendet ist.

Wo der Ausschnitt **schwarz** verlangt wird, schwärzt man die Spiegelseite, schmiert dieselbe nochmals leicht, nimmt nach dem Trocknen das überflüssige Fett ab, krispelt, reibt die Teile einzeln tüchtig ab und glast sie.

In der letzteren Zeit werden die Ausschnitte, um solche verkäuflicher zu machen, gewalkt. Gamaschen werden meistens in schwarzer Ware hergestellt, ebenso Vorschuhe. Die Schäfte werden nur soweit, wie der Vorschuh reicht, geschwärzt, der Schaft selbst meistens weiß aufgerieben, wie dieses bei hellem Zeugleder geschieht.

Von den übrigen Schildstücken werden Besätze oder Blätter geschnitten, welche braun oder schwarz zugerichtet werden.

Die Abfälle des Schildes werden als Brandsohlleder verkauft.

Die Hinterklauen können wie Schuhleder, farbig oder schwarz, glatt oder genarbt, oder auch als Bandagen- und Portefeuilleleder zugerichtet werden. Diese sind neuerdings ein begehrter Artikel geworden.

Die Zurichtung der Hälse zu Schuhleder.

Die Hälse werden als Schuhleder auf drei verschiedene Arten zugerichtet:

1. Als glattes,
2. „ chagriniertes oder genarbtes,
3. „ farbig-chagriniertes oder genarbtes Schuhleder.

Die Leder aus der starken Gerbbrühe kommen auf einige Tage in eine leichte Brühe zur Abgabe des ihnen anhaftenden, sowie auch des nicht von der Haut festgebundenen Gerbstoffes, oder werden einige Zeit in einer derartigen Brühe gewalkt. Dann werden die Leder $1/2$ Stunde in 20—25° R warmem Wasser gewalkt, bei schweren Ledern mit Erneuerung des Wassers nach $1/4$ Stunde, worauf sie ausgereckt werden, und zwar am besten auf der Maschine von der Aasseite aus der Länge und Breite nach. Beim Handstoßen auf der Tafel werden sie zuerst von der Aasseite mit einem scharfen Stahlschlicker, dann von der Narbe mit dem Messingschlicker tüchtig ausgereckt.

Sollten die Leder bisher noch nicht halbiert gewesen sein, so hat dies vor dem Ausrecken stattzufinden, die Kämme werden ausgeschnitten, die Hälse halbiert und jeder Hals mittelst eines Stempels mit der gleichlautenden Nummer gezeichnet, um solche zu jeder Zeit wieder paarig zusammenlegen zu können.

Sind nun bei der Partie noch unegal starke oder zu kräftige Leder vorhanden, so werden dieselben, nachdem sie einmal ausgereckt sind, jetzt egalisiert resp. auf die richtige Stärke gefalzt, um dann nochmals ausgereckt zu werden. Die Leder werden dann von der Narbe mit klarem Tran abgeölt und zum Abwelken aufgehängt, dann nochmals getrant und, wenn sie zu Chagrin bestimmt sind, jetzt genarbt bzw. chagriniert und scharf getrocknet.

Sonst findet hier nun das Aussortieren für die weitere Zurichtungsart statt.

1. Glattes Schuhleder.

Die zu glatt bestimmten Leder werden nach dem Abölen der Narbe mit der Aasseite nach oben aufgebreitet und geschmiert. Hierzu dient eine Mischung von $1/3$ Degras, $1/3$ Talg, $1/3$ Tran. Die Leder werden paarig, Aas auf Aas, zusammengeschlagen und auf Haufen gelegt, bis die ganze Partie geschmiert ist, und dann im Schmierwalkfaß die Schmiere eingewalkt.

Nachdem das Fett vollständig aufgenommen ist, werden die Leder windtrocken gemacht, zunächst von der Aasseite mit dem scharfen Stahlschlicker gut ausgereckt und dann von der Narbenseite.

Hierbei bedient man sich zuerst eines dünnen Stahlschlickers, der ziemlich scharfkantig, aber rein poliert sein muß; die Narbe wird hierbei von jeglichem Fett oder etwaigem sonstigen Unrat gereinigt. Hierauf überfährt man die Narbe mit einem reinen, in Leinöl getauchten, aber ausgepreßten Lappen oder Schwamm und plattiert sie dann vollständig glatt mit dem Messingschlicker, worauf die Leder zum Antrocknen aufgehängt werden. In halbtrockenem Zustande wird nachgestoßen und dann weiter getrocknet.

Nach dem zweiten Plattieren wird nochmals leicht abgeölt.

Die getrockneten Leder sind jetzt zum Schwärzen fertig. Dieselben werden mit Blauholzbrühe grundiert und mit Eisenschwärze geschwärzt. Die Blauholzbrühe wird bereitet, indem 1 Teil Blauholz in 8—10 Teilen Wasser genügend gekocht wird; zum Gebrauche im erwärmten Zustande setzt man auf je 1 l Blauholzabsud 30 ccm Salmiakgeist zu. Die Brühe wird dann mit einer langhaarigen Bürste gleichmäßig aufgetragen, bis die Narbe gedeckt ist, es wird dann mit einer kurzhaarigen Bürste gut eingerieben und gleich hinterher erfolgt der Auftrag der Eisenschwärze. Diese darf die Stärke von 6° Bé nicht übersteigen und muß im anderen Falle mit reinem Wasser entsprechend verdünnt werden.

Die klare Schwärze wird mit einer weichen Bürste in gleichmäßigen Strichen aufgetragen und das geschwärzte Leder mit der Narbe nach außen auf runde Stangen aufgehängt.

Hierauf wird das erste Leder wieder vorgenommen und mit einer nur zu diesem Zwecke zu benutzenden, kurzhaarigen Bürste trocken tüchtig überbürstet. Sollte es sich hierbei zeigen, daß das Leder nicht hinreichend schwarz ist, so muß die Prozedur des Grundierens und Schwärzens wiederholt werden.

Sind aber die Leder vollkommen schwarz, so werden dieselben mit gereinigtem, hellem Tran abgeölt, mit dem Glasschlicker tüchtig gestoßen, dann nochmals mit dem Transchwamm leicht abgeölt und zum Trocknen in einen mäßig erwärmten Raum aufgehängt, wobei aber kein Austrocknen, sondern nur ein gutes Antrocknen stattfinden darf.

Durch das Abtranen gleich nach dem Schwärzen wird ein tieferes Schwarz erzielt und ein Abrußen verhindert.

Nach dem Antrocknen werden die Leder auf der Narbe mit Schwärzewasser, zusammengesetzt aus einer schwarzen Anilinfarblösung und Wasser im Verhältnis von 1 : 15 leicht überstrichen und zum Durchziehen Narbe auf Narbe hingelegt. Ist die ganze Partie fertig, so wird der Stapel gewendet und bei den zuerst angefeuchteten Ledern angefangen bis zur Ader blanchiert.

Das Blanchieren muß geschickt ausgeführt werden, damit kein Verzerren des weichen Leders stattfindet. Es kann dies sowohl von Hand oder mit der Maschine geschehen.

Nach dem Blanchieren und Rändern erhalten die Leder von der Aasseite einen leichten Auftrag von Seifenschmiere, zusammengesetzt aus:

„10 l Wasser, 2 kg Kernseife, ½ kg Talg, ¼ kg Wachs, ½ l hellem Tran".

Dem ganzen wird während des Kochens ein Teil Talkum zugesetzt. Die Kernseife wird mit einem Teil des Wassers zunächst zum Kochen gebracht, der vorher flüssig gemachte Talg und das Wachs, dann das Talkum und beim Umrühren zum Erkalten der Tran und der Rest des Wassers zugegeben. Die Schmiere wird in lauwarmem, leichtflüssigen Zustande aufgetragen und gut eingerieben. Nachdem alles vollständig eingezogen ist, wird die Narbe mit Leinsamenschleim, welchem etwas schwarze Anilinfarbenlösung zugesetzt ist, gelüstert und zum Trocknen aufgehängt.

Nach dem Trocknen folgt ein nochmaliges Lüstern mit Leinsamenschleim ohne Farbenzusatz; der Lüster wird einziehen gelassen, worauf die Leder auf der Maschine gebürstet oder mit der Hand stark abgerieben, dann glasiert resp. gestoßen und schließlich getrocknet werden.

Ganz feine Leder werden noch von der Aasseite geschliffen oder mit der Hand leicht geschlichtet, dann auf der Maschine gebürstet oder mit der Hand abgerieben. Schließlich wird nochmals mit dem Glasschlicker oder der Maschine glasiert. Die Zurichtung ist damit beendet.

Sollten die fertigen Leder einen Schein von Grau haben, so ist es zweckmäßig, dieselben mit einem in rohes Rüböl getauchten Lappen, welcher aber gut ausgepreßt sein soll, leicht zu überstreichen, wodurch dieser Schein verloren geht und ein dunkler, schwarzer Ton hervortritt.

Wird das Schuhleder mit grellerem Glanze verlangt, so gibt man den Häuten am Ende der Zurichtung einen Leim- oder Schellackglanz, dessen Zusammensetzung wir bereits kennen gelernt haben.

2. Genarbtes Schuhleder.

Die erste Bedingung für diese Leder ist, daß sie vollständig durchgegerbt sind, denn nur ein solches Leder ist soweit elastisch, daß es unter dem Drucke der Chagriniermaschine bis zu einem gewissen Punkte nachgibt, sich nachher aber wieder hebt und in der weiteren Behandlung das Korn stehen bleibt. Die

Narbe nimmt die Eindrücke der Walze dann vollständig auf, und zwar kann das Korn leicht derart aufgedrückt werden, daß es wie natürliche Körnung erscheint.

Nicht vollständig durchgegerbtes Leder nimmt dagegen die Eindrücke der Narbenwalze nur schwach auf, das noch teilweise rohe Leder drückt sich im ganzen platt in sich zusammen, wird und bleibt leer, blechig und das eingedrückte Grain kann sich nicht heben, die Eindrücke bleiben nur eingezeichnet und wirken nicht plastisch.

Die zu N a r b e n l e d e r bestimmten Schuhleder bleiben nach dem Schwärzen und Abtranen über Nacht liegen, werden am nächsten Morgen blanchiert und dann leicht auf der Narbe angefeuchtet mit Schwärzewasser, wie oben, auf Haufen glatt hingelegt zum gleichmäßigen Durchziehen, von der Aasseite getalkt und dann das gewünschte Dessin eingesetzt, d. h. chagriniert, nachdem die Leder ev. noch vorher in 4 Quartieren unter sich gezogen worden waren. Das letztere ist jedoch nicht unbedingt notwendig. Nach dem Narbeneinsetzen müssen die Leder im warmen Raume möglichst rasch getrocknet werden.

Häufig werden die Leder auch erst nach dem Chagrinieren blanchiert. Bei dem Blanchieren vorher greift die Rolle aber weit besser und gleichmäßiger, da die Häute durch das Blanchieren gleichzeitig egalisiert werden.

Die beim Chagrinieren noch nicht blanchierten Leder werden erst nach dem Trocknen blanchiert, dann auf der Narbenseite durch Abreiben mit einem in Petroleum getauchten und ausgepreßten Lappen geputzt und nachher gekrispelt, und zwar richtet sich die Weiterbearbeitung ganz nach der Art der aufgepreßten Narbe.

Die c h a g r i n i e r t e n Leder werden 4 Quartiere übers Kreuz gekrispelt und 2 Quartiere unter sich gezogen, worauf ein nochmaliges Aufpantoffeln auf 8 Quartiere und zwar 4 übers Kreuz und 4 quer und längs stattfindet.

Bei L o n g g r a i n oder L a n g n a r b e n wird der Länge nach unter sich gezogen und über sich aufpantoffelt.

Nach dem Narbenbearbeiten werden die Leder von der Narbe mit hellem Tran abgeölt, zum Einziehen über Nacht liegen gelassen, um am nächsten Morgen tüchtig abgerieben, auf der Maschine gebürstet und dann völlig trockengemacht zu werden. Die vollständig trockenen Leder werden durch Abreiben mit Zitronensäure jetzt narbenrein gemacht und dann gelüstert.

Zu Mattglanz nimmt man ein Milchlüster (Milch und Wasser im Verhältnis von 1 : 10), zu Glanz Albuminlüster. Beiden Lüstern ist eine Anilinschwarzlösung von 1 : 5 zuzusetzen.

Zu Hochglanz muß ein Leim- oder Schellackglanz genommen werden.

Nach dem ersten Lüstern werden die Leder getrocknet, nochmals gelüstert, auf der Maschine gebürstet und getrocknet. In der Regel ist hiermit die Zurichtung beendet; ganz feine Leder können aber auch wie die glatten, noch geschliffen, gebürstet, auf der Maschine glanzgestoßen und aufpantoffelt werden.

Die zu Naturglanz bestimmten Leder dürfen nach dem Schwärzen nicht mit Degras geschmiert werden, sondern müssen festes Fett, wie Paraffin, Stearin oder harten Talg bekommen.

Leder, sowohl glatt wie genarbt, welche den Schmelz des Narbens auf irgend eine Weise eingebüßt haben, oder welche blinde Narbenstellen zeigen, werden nach dem Fertigarbeiten, ohne auf der Glanzstoßmaschine gestoßen oder am Stern gerollt zu sein, mit Schellack- oder Leimglanz überstrichen und getrocknet.

Die gleichnumerierten Hälften werden schließlich zusammengelegt, und hiermit ist die Zurichtung beendet.

Die Zurichtung beschädigter Leder.

Leder, welche Narbenschäden aufweisen, werden nach dem Trocknen, in noch ungeschwärztem Zustande aussortiert und gebufft, d. h. die Narbe abblanchiert. Die Behandlung der gebufften Leder weicht im großen ganzen von der Zurichtung der übrigen Leder nicht wesentlich ab, nur geht dem Glänzen eine Grundierung voran. Würde die abblanchierte Narbe ohne weiteres so bleiben, also keine Appretur erhalten, so würde der Glanz sehr leicht einziehen und dadurch wirkungslos. Um dies zu verhindern wird nach dem Abbuffen und vor dem Schwärzen eine Gummitragant-Lösung auf die Häute oder — wenn nur einzelne Stellen abgebufft sind — auf diese aufgetragen, tüchtig geglast, getrocknet und dann erst geschwärzt. Ist diese Arbeit sauber ausgeführt, so wird bei stellenweiser Behandlung am fertigen Leder nach dem Glänzen mit Schellack- oder Leimglanz nichts mehr zu sehen sein. Auch bei ganz abgebufften Häuten erscheint die Fläche noch als narbenecht.

Zum Abbuffen der Narbenschicht bewährt sich sehr gut die Blanchiermaschine, die wir bei Fahlleder kennen gelernt haben.

Für die von der Narbe beschädigten Hälse kann aber auch noch eine andere Art der Zurichtung stattfinden. Die nach dem Auswaschen und Stoßen halbtrocknen Leder werden an den schadhaften Stellen abgebufft, dann nochmals gestoßen, von der Narbe mit Leinöl abgeölt und von der Aasseite leicht mit dicker Schmiere geschmiert. Dann wird vollkommen aufgetrocknet, wieder angefeuchtet, durchziehen gelassen, chagriniert, wieder getrocknet und geschwärzt.

Zum Schwärzen dieser Leder nimmt man nicht die gewöhnliche Eisenschwärze, sondern die sogenannte Marocco-Schwärze (siehe unten). Nach dem Schwärzen erhalten die Leder einen nochmaligen Auftrag von Degrasschmiere, aber ebenfalls nur einen leichten. Das ganze Augenmerk bei dieser Zurichtung muß eben darauf gerichtet sein, das Leder nur sehr mäßig zu schmieren, damit bei dem nachfolgenden Glanzstoßen der Glanz überall gleichmäßig hervortritt. Stellen, welche zu viel Schmiere haben, bleiben blind. — Die nach dem Schmieren getrockneten Leder werden blanchiert, alsdann von der Narbe gut abgerieben, gereinigt und mit Rindsblut und Blauholzabsud zu gleichen Teilen gelüstert und getrocknet. Die trockenen Leder erhalten, wenn nötig, einen nochmaligen leichten Lüsteranstrich und werden auf der Maschine gebürstet. Weiter werden die trockenen Leder tüchtig abgerieben, mit einem weichen Leinöllappen überstrichen und auf der Lederschiene gestoßen. Dann werden die Leder in 4 Quartieren aufpantoffelt, unter sich gezogen, nochmals mit der Stoßmaschine überholt, fertig aufgekraust und mit rohem Rüböl leicht abgeölt, womit die Zurichtung beendet ist. Einige bewährte Appreturen für die Roßleder-Zurichtung sind:

Wichse für Roßschilder.

In 10 l weichem Wasser wird

1 kg Blauholz ausgekocht, filtriert und dann mit

100 g gestoßenen Galläpfeln nochmals aufgekocht.

2 Tafeln Leim werden in einem Teile dieser Flüssigkeit gelöst und dem Ganzen die Lösung, sowie

2—4 kleingeschnittene Zwiebeln zugesetzt, das Ganze nochmals aufgekocht und durchgeseiht.

Dann wird ½ kg feingestoßene Weizenstärke zugesetzt, aufgekocht und bis zum Erkalten gerührt.

Man kann auch etwas Wachs und $^1/_4$ l holzessigsaures Eisen zusetzen, um sowohl den schwarzen Ton wie den Glanz zu erhöhen.

Schwärze für gebuffte Leder (Marocco-Schwärze).

In 10 l Blauholzabsud werden

10 g rotes chromsaures Kali gelöst, dieser Lösung
1 l Essig,
75 g Glyzerin und
350 g Tischlerleim zugesetzt.

Nach 24 stündigem Stehen ist der Leim erweicht; er wird durch leichte Erwärmung flüssig. Es werden dann noch

500 g Eisenvitriol

in die Lösung gegeben und diese, bis sie erkaltet ist, gerührt.

Die Schwärze bildet im kalten Zustande eine dicke Masse und wird, nachdem mit Blauholz grundiert ist, mit einer steifen Bürste eingerieben.

Blutglanz.

250 g Leinsamen zu 6 l Blauholzabsud,
$2^1/_2$ l Blut und
15 g Nigrosin (in 1 l Wasser gelöst),

das Ganze wird ev., falls es zu steif ist, mit Wasser verdünnt.

Wildoberleder.

Wir kommen nun zur Wildoberleder- oder kurz zur Kipsfabrikation. Hierzu liefern uns hauptsächlich Vorder- und Hinterindien, die holländischen Besitzungen Java, Sumatra, Batavia und Borneo das Rohmaterial, und zwar — was wir gleich vorausschicken möchten — ein recht schätzbares Rohmaterial, wenn es sachgemäß behandelt und konserviert wurde. Die wichtigsten Ausfuhrhäfen dafür sind Kalkutta und Bombay. Die jahraus jahrein nach Europa und neuerdings in größerer Menge auch nach den Vereinigten Staaten von Nordamerika zum Versand kommenden Quantitäten sind ganz enorm, sie betrugen z. B. allein von Kalkutta im Jahre 1904 rund 6 951 000 Stück, und zwar sind an der Summe die nachstehend verzeichneten Firmen, Ablader genannt, die sämtlich ihren Hauptsitz in Kalkutta haben, mit den beigesetzten Ziffern beteiligt:

Ablader-Firma	Marke	Versandziffer
Schröder Smitt & Co. . .	S. S. & C.	1 530 304
Ernsthausen Ld. . . .	E. & O.	1 156 476
Thomson Lehzen & Co. .	T. L. & C.	1 010 964
F. Ad. Aßmann & Co. . .	A	A 731 955
Cohn Brothers & Fuchs .	C. B. & F.	590 749
Carl Lichtenstein & Co. .	C. L. & C.	518 784
Wütow Guttmann & Co. . .	W. G. & C.	493 095
Maurice Feilmann & Co. . .	M. F. & C.	478 477
Stein Forbes & Co. Ld. . .	S. F. & C.	203 100
Ralli Brothers	Ralli Broth.	150 840
S. Gallo & Co.	S. G. & C.	32 250
Voigt & Co.	V. & Co.	13 000
Jambon & Co.	J. & Co.	12 462
H. Gluck & Co. .	Diese letzten 5 Fir-	8 750
Walendy & Co. . .	men sind keine re-	11 450
Handenfeldt & Co.	gulären Kips - Firmen	7 800
Dangerfield & Co.	und existieren nicht	700
Balch, Bailey & Co.	als Standart - Marken.	160

Die obenstehende Aufstellung hat zwar nur noch historischen Wert; aber sie gibt eine gute Übersicht für die im Jahre 1905 versandten Wildoberleder. Nach Hamburg allein gingen davon 1904 3 517 000 Stück. Während früher London als Hauptimporthafen für diese Häutegattung in Betracht kam, marschiert heute Hamburg an der Spitze. Dann folgen London, Bremen, Triest, Amsterdam und Rotterdam.

Die Kipshaut stammt von einer Art indischem Rind, dem Zebu. Charakteristisch ist ihr ein scharf ausgeprägter Höcker im Rücken, der allerdings, besonders bei älteren Tieren, störend bei der Fabrikation wirkt. Im übrigen liefert das Zebu aber eine Haut von vorzüglichen Eigenschaften, die Narbe ist zart, das Fasergewebe elastisch und Kipskalbfelle, d. h. ganz leichte Kipse, europäischen Kalbfellen nicht nur ebenbürtig, sondern eher noch überlegen. Außer zu Oberleder eignen sich die schweren Gewichte auch vorteilhaft zu Geschirr- und Vacheleder und die geringen Sortimente zu Brandsohlleder.

Der Einkauf der Kipse ist dagegen sehr schwierig. Dieselben kommen fast nur in getrocknetem Zustande in den Handel und sind schon deshalb, ferner auch infolge der gebräuchlichen Konservierungsmethoden Fehler an den Häuten beim Einkauf meist nur schwer zu erkennen. Dann hat sich aber auch eine Einkaufsmethode eingebürgert, die für den Gerber bedeutende Nachteile in sich birgt. Man handelt Kipse in der Hauptsache „schwimmend", d. h. also ohne sie überhaupt vorher gesehen zu haben. Es steht dem Empfänger natürlich dennoch das Recht zu, bei Minderausfall Schadenersatzanspruch zu erheben, dagegen ist es für ihn außerordentlich schwer, einen solchen Prozeß erfolgreich durchzuführen bezw. sein Recht zu finden, da er bei dem handelsüblich gewordenen Einkaufsmodus einen Teil des Risikos betr. des Ausfalles der Ware eben mit übernimmt. Aber auch bezüglich der Preisgestaltung hat das Schwimmend-handeln seine großen Nachteile. Die Importeure, ja sogar drüben die Exporteure brauchen die Ware erst dann anzuschaffen, wenn sie sie entweder bereits fest verkauft oder im Handel haben. So kommt es oft vor, daß Firmen namhafte Posten blanko verschlossen haben, ohne sie also schon zu besitzen; es entwickelt sich dann immer eine Treiberei, deren Kosten natürlich der Gerber zu tragen hat. Kipse haben deshalb zurzeit auch einen derartig hohen Preisstand erreicht, daß eine Fabrikation in gleichem Umfange wie bisher in Frage gestellt ist.

Von fast ausschlaggebender Bedeutung beim Einkauf der Kipse ist der Ruf der betr. Abladerfirma, der sich auf die Art des Sortiments etc. aufbaut und infolge der Unterschiede darin sind die Preise der einzelnen Marken trotz gleicher Provenienz der Ware verschieden. Jeder der Exporteure drüben gibt den von ihm gehandelten und zur Ausfuhr gelangenden Original-Ballen seine Handelsmarke. Bei der Bearbeitung dieser in der Gerberei stellen sich dann bei den verschiedenen Marken diese Unterschiede heraus, sowohl in der Art und der Sorgfalt der Konservierung als in der Sorgfalt des Sortiments. Aber auch darin liegt für den Käufer leider keine unbedingte Gewähr für die Qualität der Häute, denn auch darin kommen Schwankungen vor, indem wieder die einzelnen Provenienzen nicht in einer Saison so ausfallen wie in der anderen, was das strenge Sortiment der bekannt soliden Abladerfirma natürlich nicht auszugleichen vermag. Kurz es gehört zu einem geschickten Einkauf von Kipsen große Sachkenntnis und große Vorsicht bei jedesmaligem Beginn der neuen Saison.

Kipse kommen zu Ballen von 100—200 Stück verpackt in den Handel, je nach dem Gewicht des einzelnen Stückes, das etwa von 2—8 kg schwankt. Die Ballen bezeichnet man als „Originalballen“, bessere Sorten sind umhüllt von meist 6 geringeren Häuten, den sog. Wrappers.

Die Konservierung geschieht durch Behandlung der Häute vor dem Trocknen entweder mit Arsenik oder mit einer salzhaltigen Erde. Die ersteren bezeichnet man als Arsenikkipse, die letzteren als „belegte“, die Erd- bzw. Kalkschicht nennt man den „Belag“. In der Regel haben die als „belegte“ Ware in den Handel kommenden Kipse auch bedeutend mehr Fleisch als beispielsweise Arsenikkipse, das Fleisch bezeichnet man als den „Strich“. — Das Arsenizieren ist entschieden reeller, denn die „belegten“ Kipse sind durch die Konservierungsmasse oft mit Schmutz, der lediglich Zwecken der Gewichtserhöhung dient, geradezu beladen. Wenn sich die Preise für arsenizierte Kipse auch in der Regel höher stellen als für belegte, so steht sich der Gerber meist doch besser, erstere ergeben Blößen = Rendements von 200% und mehr, letztere selten über 160—170%. Während man ferner bei den blanken Arsenikkipsen Schnitte, Brände, die bei Kipsen leider sehr häufig vorkommen, leicht erkennen kann, ist dies bei belegten weit schwieriger. Die letzteren sind übrigens in den meisten Fällen mehr oder weniger schnittig; werden ihnen nämlich die Schnitte nicht schon beim Schlachten beigebracht, so geschieht das beim Trocknen, indem das auf den Häuten in fingerdicken Schichten sitzende Fleisch streifenartig zerschnitten wird, um das Austrocknen zufördern. Durch ungenügende Sorgfalt des betr. Arbeiters sind diese Schnitte oft so tief geführt, daß sie sich beim Zurichten später kaum entfernen lassen. Das ganze „Belegen“ muß als eine durchaus verwerfliche Konservierungsmethode bezeichnet werden, der Belag bzw. Strich dient als Deckmantel für unlautere Manipulationen, ganze Massen Steine, Erde etc. sammeln sich in den Gefäßen an, in denen solche Häute später erweicht werden und eine Belastung von 25% mit solchen Beschwerungsmitteln ist durchaus nichts seltenes. Die deutsche Kipsgerberei sollte endlich energisch Front machen gegen diesen eigentlich doch recht plumpen Schwindel, um so mehr, als davon oft Provenienzen betroffen werden, die wegen ihrer sonstigen Eigenschaften mehr oder weniger wertvoll sind.

Neben der Art der Konservierung ist nun weiter auch die Provenienz ein wichtiger Faktor bei der Wertbemessung des ostindischen Kipses. Auch hier ist genaue Sachkenntnis notwendig, um zu einem bestimmten Fabrikationszweig auch die geeignetste

Provenienz anzuschaffen, denn die letzteren sind nach Stellung, Art des Abzuges und der sonstigen Behandlung und Beschaffenheit der Haut durchaus nicht gleich; es bestehen sogar große Unterschiede. Es sind z. B. Northwestern, auch Durbungha etc. selten schnittig, während fast alle belegten Sorten, wie Lucknow, Dacca etc. mehr oder weniger Schnitte aufweisen.

Die Sortierung geschieht nun erstens nach der Art der Gewinnung, d. h. als geschlachtete und krepierte Häute und ferner nach dem Gewichte innerhalb der ersteren 2 Gruppen. Die geschlachteten bezeichnet man als „slaughtered"- und die krepierten als „dead"-Kipse. In Schlachthäusern geschlachtete und auch sonst bessere Häute kommen als „Commissariat slaughtered" in den Handel, während man auch wieder aus den „deads" die geringen heraussortiert und als „rejections" bezeichnet. In neuerer Zeit erst ist man von dieser althergebrachten Art der Sortierung insofern abgewichen, als man einige Zwischensortimente schuf, wenigstens bei gewissen Marken. Hierher gehören die „Best slaughtered" (bestgeschlachteten), „mixed dead" (tote gemischt), ferner „double rejections" (doppelt ausgesucht), d. h. ganz geringe etc. Als hauptsächlichste Provenienzen für das europäische Geschäft kommen in Betracht die Provinzen: Northwestern, Dacca, Durbungha, Meyepore, Kalkutta, Agra, Delhi, Cuttak, Chittagong, Hooghly.

Analog der in vorstehendem aufgeführten Momente für die Wertbemessung der ostindischen Kipse werden dieselben auch mit entsprechender äußerer Kennzeichnung auf den Markt gebracht. Die einzelnen „Originalballen" tragen also nicht nur das Signum der betr. Abladerfirma, sondern ganz genaue Hinweise auf ihre Provenienz und das Sortiment sowie schließlich die Nummer. Bei geringeren Qualitäten ist dies alles mit schwarzer Farbe einfach außen auf den Deckkips (Wrapper) aufgeschrieben, während bei besseren Sorten ein Leinwandstück diese Angaben trägt, das außen auf dem durch hydraulischen Druck zusammengepreßten, und vermittelst starker Stricke oder Eisenreifen zusammengehaltenen Ballen befestigt ist. Ein Signum

S. S. & C.
D. A. S.
5070

würde also bedeuten:

Durbungha Arsenik slaughtered Kipse von der Firma Schröder Smitt & Co Ballen Nr. 5070, oder

C. B. & F.
M. D.
1020

Meyepore dead, d. h. tote Kipse aus der Provinz Meyepere, von der Firma Cohn Brothers & Fuchs versandt, Ballen Nr. 1020. Da bei arsenizierten Kipsen immer das A dabei steht, geht aus letzterer Bezeichnung, wo dasselbe fehlt, noch hervor, daß die betr. Kipse auch Strich haben, der allerdings bei Meyepore nur schwach ist.

Die für das heutige Kipsgeschäft hauptsächlich in Betracht kommenden Firmen sind in der oben angeführten Liste angegeben.

Die ebenfalls zur Herstellung von Wildoberleder dienenden **Javahäute, Chinahäute** etc. sind drüben ähnlich behandelt wie die ostindischen. Javahäute sind ein weit wertvolleres Material als die übrigen dieser Sorten, sie werden in der Regel mit einem Arsenikanstrich versehen und zeigen an den Klauen, Zipfeln etc. größere Trockenlöcher, d. h. Löcher, die sie dadurch erhalten, daß sie beim Auseinanderspannen zum Trocknen mit Hölzern befestigt werden. Die Javahaut ist meist eine gestreckte, schön gleichmäßig gestellte blanke Haut, in ihren leichteren Gewichten zu Ober- und in den schwereren zu Vacheleder sehr geschätzt.

Die Chinahaut ist weniger sorgfältig getrocknet, sie ist unregelmäßig in Falten gelegt und in der Regel mit zahlreichen Narbensprüngen behaftet, die auf das starke Pressen beim Versand zurückzuführen sein dürften. Sie eignen sich deshalb auch nicht zu Narbenleder, sondern nur zu braunem Oberleder. Ihre Stellung ist nicht schlecht.

Weichen.

Infolge der scharfen Trocknung der aus tropischen Gegenden kommenden Häute ist das gründliche Erweichen oft ein schwieriges Stück Arbeit. Man kommt in der Regel nicht ohne mechanische Hilfsmittel zum Ziele, oder man nimmt chemische Mittel zu Hilfe, z. B. Schwefelnatrium, das dem Weichwasser zugesetzt wird. Zunächst werden die Häute einzeln in das Weichgefäß eingelegt, am nächsten Tage aufgeschlagen und sofort wieder eingelegt. Belegte Kipse nehmen schnell Wasser an, dagegen kann man oft beobachten, daß bei arsenizierten das Wasser am nächsten Tage noch gar nicht eingedrungen ist. Man muß deshalb den Häuten eine andere Lage im Weichgefäß geben und sie zu diesem Zwecke auch schon am nächsten Tage aufschlagen. Belegte können bis zum ersten Aufschlagen auch 2 Tage liegen bleiben. Die Häute bleiben dann weitere 2 Tage im Wasser, werden aufgeschlagen, im Walkfasse unter Wasserzufluß ca. 20—30 Minuten laufen gelassen und noch auf eine Nacht in frisches Wasser gelegt, um am nächsten Tage dem Äscher übergeben zu werden. Arsenikkipse müssen in der Regel 2—3 Tage länger wässern oder entsprechend länger gewalkt werden.

Der sogenannte Giftäscher.

Es ist durchaus falsch, anzunehmen, der Äscher werde schon das nachholen, was in der Weiche in bezug auf den Weichheitsgrad der Häute nicht vollständig erreicht worden ist. Es ist entschieden ratsam, die Häute erst dann in den Äscher zu bringen, wenn sie vollkommen erweicht sind. Es ist allerdings zu berücksichtigen, daß ostindische Kipse in der bloßen Weiche trotz Zuhilfenahme des Walkfasses nicht so weich zu bekommen sind wie Zahmhäute, sie werden sich immer noch mehr oder weniger fest anfühlen. Dieser feste Griff ist aber nicht zu beseitigen, er ist auch kein Hindernis für die Wirkung des Kalkes, man beseitigt ihn noch vollständig dadurch, daß man die Häute in einem Arsenik- oder Schwefelnatriumäscher zur Haarlockerung bringt, und sie erst nach dem Enthaaren dem Weißkalkäscher übergibt, anstatt die Häute erst einige Zeit in einen faulen Äscher und daraus in den sogen. Giftäscher zu bringen.

Arsenik ist für Kipse vorzuziehen. Man rechnet auf 100 Häute etwa 12—15 Pfund, je nach Gewicht derselben, bei der 2. und 3. Benutzung des Äschers genügen auch schon 10—12 Pfund. Das rote Arsenikpulver wird dem beim Löschen aufkochenden Kalk zugesetzt und gelangt so mit dem verdünnten Kalkbrei in den Äscher. Die Häute gibt man am besten vormittags in diesen Äscher, schlägt sie am Abend schon einmal auf, legt sie wieder ein, schlägt am nächsten Tage wieder auf und schon am dritten Tage lassen sie in der Regel sehr gut das Haar.

Schwefelnatrium kann natürlich auch zur Haarlockerung verwendet werden, und zwar mehr für belegte Kipsen, da es nicht so energisch wirkt wie Arsenik, das man deshalb vorteilhaft bei arsenizierten verwendet.

Das

Enthaaren

geschieht fast ausschließlich im Walkfasse unter Zufluß von lauwarmem Wasser. Diese Art der Enthaarung hat entschiedene

Vorteile gegenüber dem Enthaaren mit der Hand auf dem Baume. Wir haben darauf bereits bei den anderen Oberledergattungen hingewiesen. Bei Kipsen kommen dieselben aber in ganz besonderem Maße zur Geltung, als das Haar nicht weiter verwertet wird, eine Beschädigung der in diesem Zustande sehr empfindlichen Narbe um so leichter möglich ist, als diese Häute oft bereits Narbenrisse und sonstige unreine Stellen zeigen, sowie ferner bei der großen Menge Schmutz, der sich in dem dicken Fleisch, besonders bei belegten Kipsen festsetzt, und bei bloßem Ausspülen im Wasser nur unvollkommen zu entfernen ist, die Kalkäscher bald verdorben wären. Aus dem Giftäscher kommen die Häute also sofort ins Walkfaß, nach ca. ½ Stunde sind sie rein, sie werden durch frisches Wasser gezogen — sofern man nicht vorzieht, sie, nachdem die Haare vollständig entfernt sind, im Walkfasse noch ca. 5 Minuten unter Zufluß von kaltem Wasser laufen zu lassen — und nun sofort dem Weißkalkäscher übergeben. Der Giftäscher soll nicht öfter als dreimal benutzt werden. Er ist zu entleeren, sauber zu machen und für die nächste Partie frisch zu stellen.

Die Weißkalkäscher.

Nachdem das Haar entfernt ist, beginnt erst der eigentliche Äscherungsprozeß. Durch die Wirkung des Arsenik- bzw. Schwefelnatriumkalkes wird den noch etwas festen Häuten noch die nötige Weichheit gegeben. Die Häute kommen in wohlvorbereitem Zustande in den ersten Weißkalk. Man richtet sich am besten ein Dreiäschersystem ein, das je nach Umfang des Betriebes für jedes Stadium aus der erforderlichen Anzahl Gefäßen besteht. Der erste Äscher ist der schwächste und älteste, dann folgt der vorher frische und schließlich der ganz frische. In jedem der 3 Äscher verbleiben die Häute etwa 5—6 Tage, im Sommer genügen 5, im Winter 6. Im ersten Äscher müssen die Häute jeden 2. Tag einmal aufgeschlagen werden, beim 2. und 3. genügt es, wenn sie während der ganzen Kälkungsdauer einmal herausgenommen werden. Vor Hineinbringen der Häute müssen die Äscher natürlich zugebessert werden.

Bewährt haben sich die Einhängeäscher mit Rührsystem. Die Brühe wird dabei in steter Bewegung erhalten, wodurch eine gleichmäßige Einwirkung des Kalkes auf alle Teile der Haut erreicht wird. Im übrigen gelten für die Äscherung von Kipsen auch diejenigen Vorschriften, die wir bei dem Allgemeinen über das Äschern sowie bei den anderen Oberledersorten gegeben haben.

In manchen Betrieben ist es Sitte, die Häute aus dem 2. Äscher zu falzen oder gar ganz zu entfleischen und sie dann erst zum Nachäschern in den letzten frischen Äscher zu bringen. Dieses Verfahren soll den Zweck verfolgen, die infolge der scharfen Trocknung in der Tropenhitze noch immer mehr oder weniger festen Häute bis in den Kern hinein zu lockern und zu heben. Es hat dies seine Berechtigung, wenn die Häute — es kommen fast ausschließlich arsenizierte in Betracht — tatsächlich durch einen härtlichen Griff verraten, daß die Eiweißteile noch nicht genügend gehoben sind. Freilich täuscht man sich, wenn man nur einzelne Häute prüft, in dieser Beziehung oft, da sich unter einer Partie häufig solche befinden, deren Eiweißbestandteile beim Trocknen drüben in glühender Sonnenhitze koakuliert sind. Diese Häute lassen sich überhaupt nicht weich und elastisch machen, hier hilft kein Äscher und auch keine mechanische Bearbeitung. Diese Häute bleiben hart, gerben sehr schwer und nur unvollkommen durch und geben immer ein blechiges, hartes Leder. Es genügt in der Regel vollkommen, wenn die Häute nach dem sogen. Giftäscher noch drei Kälke bekommen und aus dem letzten reingemacht werden.

Das Entfleischen.

Aus dem Äscher werden die Häute in frischem Wasser gespült oder kurze Zeit im Walkfaß unter Zufluß von frischem Wasser laufen gelassen, dann im Kern, vom Höcker ab bis nach den Seiten hin, je nach Größe und Stärke der Häute, gefalzt. Das Falzen ist eine der wichtigsten Verrichtungen bei den Reinmacharbeiten. Es darf nicht zu viel fortgenommen werden, damit das Schild im Verhältnis zur Stärke der übrigen Teile der Haut nicht zu dünn wird, es darf aber auch nicht zu wenig fortgenommen werden, damit der Kern später nicht zu dick ist. Peinlich genau muß aber darauf geachtet werden, daß die Späne ganz gleichmäßig abgenommen, d. h. an den Rändern der Falzplatte keine tieferen Streifen herausgenommen werden, denn all diese Fehler markieren sich später am fertigen Leder sehr deutlich und machen die sonst vielleicht gut gestellte Haut minderwertig. Größte Vorsicht ist auch beim Ansetzen des Falzens zu gebrauchen, damit an diesen Stellen keine Einschnitte, die sich später bei braunem Oberleder recht häßlich abmarkieren, entstehen. Dies gilt besonders in den Fällen, wo gerade vom Höcker an gefalzt werden muß. Die

Hinterklauen sind meist, wenigstens an den inneren Rändern mit zu falzen. Ein geschickter Arbeiter hat es aber bald im Griff, wie weit die einzelne Haut ausgefalzt werden muß.

Die gefalzten Häute werden dann geschabt, d. h. mit dem Schabeisen an den nicht gefalzten Stellen das Fleisch aus der Ader entfernt. Belegte Kipse schaben bzw. entfleischen sich in der Regel leichter als arsenizierte.

Das Entfleischen kann übrigens auch mit der Maschine geschehen, und zwar können die Häute bei dieser Art des Entfleischens ebenfalls vorher gefalzt werden, oder sie werden nur geschabt und später auf der Spaltmaschine gespalten.

Sowohl während des Falzens als des Schabens muß darauf geachtet werden, daß die Häute nicht antrocknen, wodurch sie die sogen. Kalkflecken bekommen würden. Es ist sehr zu empfehlen, die Häute nach dem Schaben noch ganz flach über Nacht auf Haufen liegen zu lassen, im Sommer sind sie aber mit rohen nassen Kipsen zuzudecken. Dann kommen sie auf ca. 48 Stunden in frisches Wasser von gewöhnlicher Temperatur. Ganz kaltes Wasser, Quellwasser, das mit der atmosphärischen Luft nur wenig in Berührung war, ist zu verwerfen. Darin quellen die Häute meist von neuem stark auf, was von nachteiligem Einfluß auf den Griff des fertigen Fabrikates ist. Am besten ist ein Wasser von der gewöhnlichen Temperatur der Jahreszeit, im Winter ist sogar ein Anwärmen bis zur Sommertemperatur zu empfehlen.

Häufig ist das sogenannte **„Fließen“** der Häute, d. h. das Einhängen in fließendes Wasser gebräuchlich, ja man begegnet Gerbereien, bei denen die Häute ihre sämtlichen Wasserarbeiten in fließendem Wasser durchmachen. Sie werden im Bach eingeweicht, dort während der verschiedenen Stadien der Äscherung, des Enthaarens etc. gewässert und schließlich auch noch die reingemachte Blöße eingehängt. In diesen Fällen tritt oft das Fließen an Stelle der Beize. Meist ist diese Art der Benutzung fließenden Wassers entschieden schädlich; das Wasser ist, besonders wenn es sich um flache kleine Gewässer handelt, meist von großen Mengen Schmutz, Abfällen etc. durchsetzt, ganze Mengen Schlamm werden mitgeführt und auf den Häuten abgelagert. Dazu kommt, daß im Sommer das Wasser solcher Bäche etc. hohe Temperatur zeigt. Das sind aber alles die besten Vorbedingungen für eine mehr oder weniger schnelle und intensive Fäulnisentwickelung. Aber auch in den Fällen, wo der Wasserlauf stärker ist, wo also diese Nachteile nicht in Erscheinung treten, ist das Fließen besonders für reingemachte Häute durchaus zu verwerfen. Hier entzieht wieder das mehr oder weniger schnell fließende Wasser den so empfindlichen Blößen große Mengen der wertvollen Eiweißbestandteile und die Folge ist ein leeres gewichtloses Fabrikat ohne Leben und Kraft. — Für das Erweichen der rohen und das Spülen der gekalkten Häute dürfte fließendes Wasser allenfalls noch zu gestatten sein, dagegen aber keinesfalls für die Behandlung reingemachter, d. h. entfleischter Blößen.

Die Beize.

Aus dem Wasser gelangen die Häute nun in die Beize, und zwar bedient man sich hier in der Hauptsache der Taubenkotbeize. In einer Tonne mit doppeltem, durchlöchertem Boden brüht man mit kochender schon einmal gebrauchter Beizbrühe den Taubenkot, und zwar genügen beim Frischstellen 50 Pfund auf 100 mittelschwere Häute. Man läßt das Ganze unter häufigem Umrühren einige Zeit stehen und bringt den Extrakt dann in das Beizgefäß. Dies geschieht durch einen Abflußhahn, der über dem doppelten Boden angebracht ist, und zwar durch einfaches Öffnen, denn man stellt das Gefäß vorher so auf, daß der Hahn direkt in die Beize mündet. Auf diese Weise gelangt aller Sand, der in großer Menge sich in dem Taubenkot vorfindet, nicht mit in die Beize, er setzt sich vermöge seiner Schwere zu Boden, und zwar infolge des wiederholten tüchtigen Umrührens des ganzen Gefäßes auf den eigentlichen Boden, nachdem er den doppelten passiert hat, und kann so beim Ablassen nicht mit in die Beize gelangen. Man spült ihn schließlich noch einmal mit heißem Wasser aus und erreicht so eine völlige Ausnutzung, ohne den Sand mit in das Beizgefäß zu bringen, der sich oft sehr fest in die Blößen festsetzt und später beim Streichen die so verhaßten Risse in der Narbe verursacht.

Man kann auch die Beizbrühe in einem Gefäß mit doppeltem Boden herstellen, bei dem der Abflußhahn zwischen den beiden Böden angebracht ist. In diesem Falle muß aber der doppelte, durchlöcherte Boden mit Leinwand überspannt sein, die den Sand, Schmutz etc. zurückhält.

Die Blößen werden, ehe sie in die Beize gelangen, durch heißes Wasser gezogen, dann gleichmäßig in die Beize eingelassen, sofort einige Zeit getrieben, nach einer Pause von ca. 2 Stunden wieder getrieben und der ganze Beizprozeß genau verfolgt. Sobald die Häute genügend verfallen, d. h. „matt“ sind, wie der

Fachmann sagt, sind sie herauszunehmen, schnell in lauwarmes Wasser zu bringen und aus diesem ca. 10 Minuten zu walken.

Die ganze Behandlung in der Beize wird sehr verschieden geübt. Oft walkt man die Blößen vor der Beize und spült sie nach derselben, d. h. vor dem Streichen etc. bloß ab, andere wieder walken sowohl vor als nach dem Beizen etc. Hauptsache ist, daß man die Blößen in den weichen milden Zustand versetzt, der die Grundbedingung für ein ebenso weiches mildes Leder ist. Es ist um so günstiger für das Rendement sowohl, als für die gesamte Qualität: die Fülle, Üppigkeit etc. des fertigen Leders, wenn man jenen Zustand ohne größeren Substanzverlust herbeiführen kann. Ausgedehnte Benutzung der Beize sowohl als mechanische Hilfsmittel haben solchen Verlust stets im Gefolge, man tut deshalb gut, beide Hilfsmittel nur in möglichst geringem Maße heranzuziehen.

Ein wichtiger Faktor ist auch die Beschaffenheit des Wassers. Bei ganz weichen Wässern kommt man — wenigstens im Sommer — meist ohne jede Beize aus, während bei hartem Wasser eine solche unerläßlich ist. Den richtigen Weg muß eben hier die Praxis lehren; und zwar dürfte man befriedigende Resultate stets erzielen, wenn man wie oben angegeben verfährt, das heißt, die Häute nach dem Durchziehen durch warmes Wasser in die Beize bringt, aus derselben walkt und dann weiter rein macht. Das Walken vorher hat die Gefahr im Gefolge, daß die Häute bzw. Blößen schon zu matt in die Beize kommen, dort sofort energisch angegriffen werden und daß nachher, wenn sie nicht gründlich durch Wasser gereinigt werden, die Wirkung der Beize sich fortsetzt, ein zweites Walken aber noch größere Substanzverluste bedingen würde. Soll nach dem Beizen gewalkt werden, so darf die Beize naturgemäß nicht zu weit ausgedehnt werden. Jedenfalls ist aber einmaliges Walken der empfindlichen Blößen, gleichgültig ob vor oder nach der Beize vollkommen ausreichend, dagegen zweimaliges entschieden zu verwerfen.

Das Entkalken.

Die gebeizten Blößen werden, sofern sie nach der Beize gewalkt worden sind, bloß mit dem Streicheisen gut gestrichen und zwar auf weichem, gesattelten Baum. Nicht gewalkene also direkt aus der Beize bezw. dem Wasser kommende Blößen sind besser erst mit dem Glättstein zu glätten, in frischem Wasser abzuspülen und dann erst zu streichen. Darauf folgt ein gründliches Abspülen in frischem, reinem Wasser, und nun in den meisten Gerbereien direkt das Einziehen in die Farben.

Im Interesse der Frischerhaltung der Farben und der dadurch bedingten schnelleren Angerbung ist ein Abziehen der Blößen von der Fleischseite aus zu empfehlen, wenn auch nicht unbedingt notwendig.

Die Gerbung.

I. Die ältere Gerbmethode.

Die Blößen kommen zunächst in die schwächste Farbe, werden darin eine halbe Stunde gehaspelt, dann ruhig stehen gelassen, nach einigen Stunden abermals zwanzig Minuten bis eine halbe Stunde gehaspelt. Schon am nächsten Tage kommen die Häute dann in die

2. Farbe. Diese wird mit frischer Eichen- oder Fichtenlohe oder auch einem Gemisch von beiden zugebessert, die Häute werden darin täglich mindestens viermal bewegt und drei Tage darin belassen. Sie kommen dann in die

3. Farbe. Diese wird mit etwa demselben Quantum Lohe zugebessert, erhält aber etwas mehr kräftigere Brühe. Man treibt die Häute auch darin täglich drei- bis viermal und läßt sie vier Tage darin. Die

4. Farbe, die nun folgt, wird mit einem größeren Quantum Lohe zugebessert, auch ersetzt man die fehlende Brühe mit besserer aus der sogenannten Sauergrube. Die Häute werden darin täglich noch zwei- bis dreimal getrieben und bleiben darin vier bis fünf Tage. —

Über die zweckmäßige Führung der Farben ist weiter oben bei Rindoberleder alles nähere ausführlich besprochen. Die Hauptsache ist, daß die Angerbung allmählich erfolgt, daß aber trotzdem die Häute sich niemals in der Farbe aufhalten ohne genügende Nahrung. Die sogenannten Stinkfarben sind gänzlich zu verwerfen. Die Häute müssen in der Farbe genau beobachtet werden, die Narbe darf sich nicht zusammenziehen, sondern muß sich ganz allmählich, von Farbe zu Farbe, zu einer feinen zarten Körnung entwickeln. Die Blößen dürfen in der ersten Farbe niemals schlüpfrig werden, wie man dies noch immer so häufig beobachten kann, denn solche Farben sind mehr Beizen, und eben das Schlüpfrige deutet ja an, daß eine allmähliche Zerstörung der Substanz vor sich geht.

Am empfehlenswertesten ist auch für Kipse der Rundfarbengang, wobei die schlechteste Farbe entleert, frischgestellt und zur besten wird, und zwar nimmt man die Neuanstellung derselben stets nach ein- oder höchstens zweimaliger Benutzung vor. —

Zum Zubessern nimmt man Brühe aus der Sauergrube, deren Anstellung ebenfalls früher ausführlich beschrieben wurde.

Aus der vierten Farbe kommen die Häute in den

Versenk. Die Grube wird bis zu etwa einem Drittel mit warmer Brühe angefüllt, ein Rahmen aus Holz hineingelassen, darauf etwas langhalmiges Stroh verteilt und die erste Haut, Fleischseite nach unten, flach darauf ausgebreitet. Ein Arbeiter wirft die Haut von oben so hinein, daß dieselbe möglichst flach auffällt, mit zugespitzten Stangen wird dann von außen die Haut in den Teilen, die nicht flach aufliegen, auseinandergezogen und von außen mit Lohe bestreut. Das Versenken muß von geschickten Arbeitern ausgeführt werden, geht aber sonst schnell von statten. Es wird immer der Schwanz der nächsten Haut auf die rechte Hinterklaue der vorhergehenden gelegt und beim Bestreuen darauf geachtet, daß die dickeren Teile, wie der Kern etc., mehr Lohe bekommen als die dünneren. Klauen, Zipfel etc. werden an den Seiten zwischen Holzrahmen und Grubenwand hinuntergestoßen. Die ziemlich volle Grube wird dann oben ausgefüllt, indem leichte Häute in die Lücken versetzt werden, mit einer Schicht Sauerlohe bedeckt, diese mit Brettern belegt und leicht beschwert. Die Brühe muß bis oben hin stehen, fehlt solche, so muß nachgefüllt werden. Nach einigen Tagen wird man übrigens stets beobachten, daß die Brühe zurücktritt, es muß dann sofort nachgefüllt werden, bis die Grube soweit voll ist, daß auch die oberste Haut unter Brühe steht.

Der Versenk bleibt ca. sechs Wochen stehen, im Sommer genügen oft schon fünf, da bei der höheren Temperatur die Lohe schneller auszehrt. Die Brühe wird dann erst abgepumpt, darauf die Häute gezogen, in einem mit Brühe gefüllten Gefäß gespült und entweder sofort ausgewaschen oder — wenn die Durchgerbung noch zu wünschen übrig läßt — in einen

2. Versenk gebracht. Dieser ist wohl nur bei schweren Häuten notwendig, sonst genügt eine

Nachgerbung in einer sogenannten Lösefarbe. Dies ist eine mit Catechu warm angesetzte Farbe, wo hinein die Häute auf fünf bis acht Tage gebracht werden. Nach etwa drei Tagen wird aufgeschlagen, die Brühe angewärmt und die Häute wieder hineingegeben. Mit der sogen. Lösefarbe bezweckt man, die aus der Grube kommenden Leder etwas zu heben und weicher zu machen, sowie ferner die Farbe zu verbessern.

II. Reine Brühengerbung.

Mehr als die ältere Gerbmethode unter Zuhilfenahme der Grubengerbung ist heute die reine Brühengerbung im Gebrauch; sie bewährt sich besonders für Narbenleder sehr gut, und die Durchgerbung geht erheblich schneller vor sich als beim Versenken bezw. Versetzen.

Die Farben werden genau so geführt wie bei der gemischten Gerbmethode. Von der 4. ab kann man schon anfangen, käufliche oder noch besser selbst hergestellte Extrakte zuzusetzen und zwar in steigender Menge bis zur 8. Farbe, worin die Häute bereits vollkommen durchgegerbt sind.

Richtet man sich einen Farbengang von 8 Farben ein, um darin die Häute vollständig auszugerben, so empfiehlt es sich, schon in den ersten vier intensiver anzugerben. Man erzielt dies durch Zugabe größerer Gerbmaterialmengen und durch Ergänzen der fehlenden Brühe mit süßer, aus frischem Material hergestellter Extraktbrühe. Die Blößen müßen dabei allerdings länger in Bewegung gehalten werden, damit kein Zusammenziehen stattfinden kann. Man wird dabei wahrscheinlich oft beobachten, daß die Blößen nach dem Einbringen so frischer, süßer Brühe plötzlich dunkel werden und befürchten, daß dies auf die Qualität des fertigen Leders ungünstig einwirken könne. Diese Befürchtungen sind jedoch unbegründet, die Blößen, die aus mehr oder weniger sauren Farben kamen und eine schöne gelbe Farbe zeigten, verlieren den in den frischen Brühen angenommenen dunklen Farbenton im Laufe der weiteren Durchgerbung wieder. Man verhindert aber das Dunkeln der Häute dadurch, daß man den frischen Brühen einige Eimer gute Sauerbrühe zusetzt, oder noch besser dadurch, daß man die notwendigen Brühen in einem Gefäß herstellt, wie auf Seite 36 beschrieben. In Betrieben, wo man mit der reinen Brühengerbung arbeitet, also kein gebrauchtes Material aus Versenken oder Sätzen zur Verfügung steht, ist überhaupt die Anstellung einer Sauergrube in der auf Seite 36 beschriebenen Weise unbedingt zu empfehlen.

Infolge der intensiven Bewegung der Häute durch Haspeln in den ersten Farben sind die Nachteile einer Angerbung in stärkeren Brühen nicht zu befürchten, die weiteren Farben sind zweckmäßig zum Einhängen eingerichtet. Die Brühestärke wird von Farbe zu Farbe gesteigert, ebenso die Menge des zuzusetzenden Materials, d. h. der Fichten- oder Eichenrinde, oder eines Gemisches von beiden. Denn es empfiehlt sich entschieden, bis zur 5. oder 6. Farbe stets auch etwas Lohe zuzusetzen und erst dann reine Extraktbrühe zu geben. Natürlich bleiben die späteren Farben auch längere Zeit stehen als die ersten und zwar sind zu empfehlen für die erste 2—3 Tage, die zweite 4, die dritte 4, die vierte 4, die fünfte 5, die sechste 6, die siebente 6 und die achte etwa 8 bis 10 Tage.

Eine Modifikation der Brühengerbung ist folgendes Verfahren: Die Häute werden in 4 Farben gut angegerbt, dann in Extraktbrühe gesteckt, nach ca. 8—14 Tagen aufgezogen, die Brühe verstärkt und angewärmt und die Häute auf weitere 14 Tage eingelegt. Sie sind dann bereits durchgegerbt, kommen aber event. noch in eine mit Catechu angesetzte warme Lösefarbe. Dies Verfahren ist für billigere Kipssorten ganz angebracht.

Besseren Marken und besonders zu braun bestimmten Fabrikaten gibt man nach einer solchen Gerbung oft auch noch einen kurzen Verstich mit einem Gemisch von Fichten- und Eichenlohe auf etwa 10 Tage. Die darin ausgegerbten Häute zeigen gegenüber den lediglich in Brühen gegerbten trotz aller Weichheit mehr Stand und eine geschlossenere Textur.

Gerade der Artikel Kips soll immer billig sein, es ist deshalb Sache des Fabrikanten, bei der Herstellung alle Chancen auszunutzen, so daß ihm trotz aller Preiswürdigkeit des fertigen Fabrikates ein gewisser Nutzen bleibt. Er muß in der Fabrikation um so mehr alle Vorteile suchen, als die Rohpreise der ostindischen Kipse in der letzten Zeit außerordentlich hoch sind und die Fabrikatpreise dazu nicht in einem richtigen Verhältnis stehen.

Im übrigen gilt für alle Sorten Kipse auch das an anderer Stelle, sowohl bei Kalb- als Rindoberleder über die Gerbung Gesagte.

Die Zurichtung.

Die Zurichtung geschieht im Prinzip analog derjenigen des Rindoberleders. Die Häute kommen aus der starken Brühe des letzten Gerbstadiums zunächst auf 1—2 Tage in schwache Brühe, damit der ihnen anhaftende und lose in denselben sitzende Gerbstoff in diese Brühe übergeht und weiter ausgenutzt werden kann. Dann werden die Häute im Walkfaß unter Zufluß von lauwarmem Wasser gewalkt, daraus ablaufen gelassen, in die Presse gelegt, ausgepreßt, dann auf der Narbe leicht abgeölt, abgelüftet und geschmiert, nachdem die zu trockenen Stellen vorher mit Wasser gut angefeuchtet würden. — Das Einfetten geschieht in der bekannten Weise auf der Tafel mit dem Lappen oder der Bürste. Die Fettkomposition, bestehend aus $^2/_3$ Tran und $^1/_3$ Talg oder $^1/_3$ Talg, $^1/_3$ Tran und $^1/_3$ Degras wird in warmem, flüssigem Zustande auf die Fleischseite aufgetragen, die Häute zusammengeschlagen und im Walkfaß das Fett eingewalkt. Für die Aufnahme genügender Menge Fett ist eine gute Gerbung die Hauptsache, unvollkommen durchgegerbte Häute sind nicht imstande, größere Mengen Fett aufzunehmen und festzuhalten.

Nach dem Einwalken des Fettes werden die Häute zum ersten Male gestoßen, d. h. plattiert, und zwar bei besserer Ware sowohl von der Fleisch- als Narbenseite. Bei geringerer Ware genügt ein einmaliges Plattieren von der Narbenseite. Dann werden die Häute zum Trocknen aufgehängt, halbtrocken gemacht und nachgestoßen. Dieses zweite Stoßen muß sehr sorgfältig geschehen, da ein weiteres Stoßen nachher nicht mehr erfolgt und alle Sätze und Unebenheiten jetzt entfernt werden müssen. Nach dem Stoßen werden die Häute wieder aufgehängt und trocken gemacht.

Jetzt muß entschieden werden, ob die einzelne Haut zu braunem oder schwarzem Oberleder verarbeitet werden soll.

a) Braunes Kipsoberleder.

In einem rationellen Betriebe wird man die zu braun bestimmten Häute jetzt auf den Trockenstangen nicht ganz austrocknen lassen, sondern sie in einem noch ganz wenig feuchten Zustande sofort blanchieren, da dabei die Häute eine viel glattere Fleischseite bekommen und diese auch frischeren und lebendigeren Glanz zeigt als beim Blanchieren in ganz trockenem Zustande. Das Sortieren der Häute in die zu braun bezw. zu schwarz bestimmten muß sehr genau durchgeführt werden. Zu braun sollen die gut gestellten und vor allem schnittfreien Häute genommen werden, während kleine Narbenfehler den Häuten weniger schädlich sind. Bei zu schwarz bestimmten Häuten dagegen ist die Hauptsache eine reine, feine Narbe. Hier sind wieder kleine Schnitte nicht weiter störend.

Das Blanchieren geschieht zum ersten Male nach dem Schilde bezw. Kopfe zu, während man die Häute nach den Seiten zu nachblanchiert. Die dünneren Teile sind dabei zu schonen.

Die blanchierten Kipse werden nun abgefranzt, gut abgekehrt und breit aufgehängt zum Trocknen. Dann nimmt man sie ab, kraust 2 Quartiere auf, zieht 2 Quartiere unter sich, hängt wieder auf zum Trocknen und seift sie dann mit Seifenschmiere gut ein. Nach dem vollständigen Einziehen der Seifenschmiere werden die Häute auf der Fleischseite leicht getalkt, 2 oder 4 Quartiere gekrispelt, geglast, nochmals leicht getalkt und zum zweiten Male geglast. Sie sind dann fertig.

b) Schwarzes Kipsoberleder.

Die dazu bestimmten Häute werden nach dem zweiten Stoßen ganz aufgetrocknet. Dann abgenommen, aufgebreitet zum Schwärzen, in der bekannten Weise im warmen Raume mit Blauholzabkochung grundiert und dann mit Eisenschwärze gut geschwärzt. Nach dem Durcharbeiten der ganzen Partie werden die Häute auf der Narbenseite leicht abgetrant, auf Haufen gestapelt und am nächsten Tage nachgesehen, ob die Schwärze gut deckt, und rote Stellen event. nachgeschwärzt. Die Häute werden dann blanchiert, abgefranzt und zum Chagrinieren vorbereitet. Schwarze Kipse kommen heute fast ausschließlich chagriniert auf den Markt. Die blanchierten Häute werden, falls sie zu trocken sind, durch Wasser gezogen, dann auf Haufen gelegt, damit das Wasser sich in den Häuten gleichmäßig verteilen kann. In der Regel besitzen die Häute, wenn die Arbeiten Zug um Zug ausgeführt werden können, aber schon den genügenden Feuchtigkeitsgrad zum Chagrinieren. Auch bei schwarzen Kipsen ist nämlich das Blanchieren in noch etwas feuchtem Zustande zu empfehlen. Den Häuten wird schon beim Schwärzen eine gewisse Feuchtigkeitsmenge zugeführt und auch das Abtranen nach dem Schwärzen trägt dazu bei, daß die Häute genügend weich werden. Ist dies der Fall, so werden dieselben auf der Fleischseite stark talkumiert und auf der Chagriniermaschine die künstliche Narbung eingesetzt. Hierbei ist die Auswahl des richtigen Grains für die Narbenbeschaffenheit der einzelnen Haut die Hauptsache, auf einer großen Haut mit mehr oder weniger grober Narbe wird niemals ein feines Grain gut brechen und richtig zur Geltung kommen. Umgekehrt würde eine zart und feinnarbige leichtere Haut durch ein grobes Grain geradezu verunziert werden. Hierüber haben wir uns bereits bei der Zurichtung schwarz chagrinierter Kalbfelle ausgesprochen und gilt das dort gesagte auch für Kipse.

Nach dem Chagrinieren werden die Häute aufgehängt zum Trocknen. In gut getrocknetem Zustande werden die Häute zunächst 4 Quartiere aufgekraust, dann wieder getrocknet, nachher auf 4 Quartiere unter sich gezogen, wieder aufgehängt und schließlich weitere 4 Quartiere gekripselt. Bei all diesen Arbeiten ist auf peinlichste Sauberkeit zu halten, der sich ablösende Schmutz muß stets sofort abgefegt werden und die bei der Bearbeitung noch zum Vorschein kommenden roten Stellen sind jetzt, vor dem letzten Trocknen, nachzuschwärzen. Nach dem letzten Krispeln werden die Häute auf der Tafel an den grobnarbigen Stellen mit der Stichrolle oder einer Handrolle, die ein den Chagrinnarben ähnliches Grain trägt, nachgerollt. Vorzuziehen ist die Stichrolle, da diese die groben Stellen besser beseitigt.

Nach dem Nachrollen werden die Häute auf der Narbenseite leicht mit Helltran abgetrant, auf Haufen zum Verteilen desselben ca. 24 Stunden liegen gelassen, dann auf der Narbe erst mit einem Flanellappen tüchtig abgerieben, dann mit verdünntem Berberitzensaft oder schwacher Zitronensäurelösung nachgewischt und schließlich geglänzt.

Zu besseren Sorten nimmt man den Schellackglanz, zu weniger feinen einen gut deckenden Leimglanz (siehe Seite 83).

Nach dem Glänzen werden die Häute wieder aufgehängt und nochmals getrocknet. Sie sind nun fertig.

Pantinenkipse.

Zu dieser geringen Kipssorte eignen sich am besten die billigen Sortimente wie deads und rejections. Die Fabrikation ist im allgemeinen dieselbe wie bei besseren Sortimenten, nur wird dem geringen Werte der Ware entsprechend auch in den verschiedenen Stadien der Fabrikation auf möglichste Vereinfachung hingestrebt.

Die G e r b u n g geschieht am besten und billigsten in einem Farbengange von 4 Farben, dem sich die Ausgerbung in stärkerer Extraktbrühe anschließt. Man verwendet dazu auch die billigeren Gerbmaterialien wie Fichtenrinde, Quebracho, Myrobalanen, Mangroverinde etc.

Pantinen werden sowohl braun als auch schwarz verlangt. Die Zurichtung der braunen ist analog der oben beschriebenen, nur blanchiert man diese Häute in der Regel nur einmal, und zwar direkt nach den Seiten zu. Dann wird auch nur aufgekraust und gekrispelt; das Untersichziehen fällt fort, da diese Ledersorte ziemlich standhaft im Griff verlangt wird. Nach dem Aufkrausen wird eingeseift, getalkt, gekrispelt und geglast.

Die zu schwarz chagriniert bestimmten Pantinenkipse werden nach dem Schwärzen und Blanchieren mit einem gröberen Grain chagriniert, getrocknet, 2 Quartiere aufgekraust, 2 unter sich gezogen, 4 fertig gekrispelt und die Häute nach nochmaligem Austrocknen sofort mit Leimglanz geglänzt.

Schwarze Pantinen werden auch sehr viel glatt verlangt. Die dazu bestimmten Häute werden nach dem Schwärzen und Blanchieren auf der Fleischseite getalkt, unter sich gezogen, mit dem Glasreck auf der Narbenseite gestoßen, dann aufgehängt zum Trocknen, abgetrant und geglänzt.

Andere Zurichtungsarten für Kipse.

Früher häufiger, jetzt jedoch weit seltener wurden Kipse auf schwarz satiniert verlangt. Die Gerbung ist dieselbe wie bei den beschriebenen Kipssorten und die Zurichtung analog derjenigen des glatten Roßschuhleders (siehe S. 102 etc.).

Gezogen kommen Kipse auch auf den Markt. Bei dieser Ledersorte wird die Narbenseite der bis dahin genau so wie zu genarbtem Leder behandelten Häute anstatt chagriniert mit dem Zugkamm kariert ähnlich dem Juchtenleder. — Die Behandlung ist genau so wie diejenige des „gezogenen Rindleders“ (siehe Seite 83).

Blank- und Geschirrleder.

Diese Sorte Leder steht gewissermaßen zwischen Vache- und Oberleder und lehnt sich betreffs Gerbung und Zurichtung an das Riemenleder an. Geschirrleder soll eine große Zähigkeit besitzen, dabei elastisch wie Riemenleder sein.

An das Hautmaterial werden ähnliche Bedingungen gestellt, wie an jenes für Riemenleder; es müssen gut gestellte, gleichmäßig gelederte, schnittfreie und narbengesunde Häute sein. Die Rohhaut wird etwas leichter genommen als bei Riemenleder, und zwar

Fig. 20. Lederschleif- und Bürstmaschine „Epoche“ der Badischen Maschinenfabrik in Durlach.

Lederschleif- und Bürstmaschine „Epoche“ mit Ventilator und auswechselbaren Schleifbändern. Bei diesem System läuft der aus einer eisernen Trommel bestehende Schleifzylinder, auf dessen Umfang auswechselbare Schleifbänder mittels Klemmvorrichtung aufgespannt werden, in Ringschmierlagern. Vor dieser Arbeitswalze befindet sich als Andruckvorrichtung ein Gummipolster oder eine Andruckwalze, die mittels eines Fußtritthebels gegen den Schleifzylinder angepreßt werden können. Der beim Abschleifen der Leder entstehende Staub wird durch einen in die Maschine eingebauten Ventilator abgesaugt und fortgeführt, wobei sich durch die geschlossene Form des Ständers ein fast staubfreies Arbeiten erzielen läßt. Das Schleifen erfolgt in der Weise, daß der Arbeiter das Leder langsam in die Maschine einlaufen läßt und es abgeschliffen wieder herauszieht. Der vor der Maschine angeordnete Holztisch mit geneigter Platte gestattet nach allen Richtungen hin beim Arbeiten eine freie Bewegung.

bewähren sich volle, aushaltende Kalbin-, Kuh- und auch mittlere Ochsenhäute im Gewicht von 35—50 kg sehr gut. Flache, ausgedehnte, dabei aber gleichmäßig gestellte Häute sind ebenfalls ein gesuchtes Material für diese Lederspezies. Beim Einkauf der Häute für feinere Sorten ist auf feine Narbe und auf Mastrunzeln acht zu geben. Häute mit letzteren sind nicht geeignet.

Die verschiedenen nachgenannten Untergruppen verlangen vielfach eine abweichende Behandlung, einige eine Festigkeit wie Maschinenriemenleder, andere wieder sollen etwas milder sein, manche sogar derart mild, daß sie sich dem Schuhoberleder nähern. Der Gerber muß bei allen Manipulationen sowohl der Vorarbeiten als der Gerbung diese Momente in Berücksichtigung ziehen.

Weichen und Wässern.

Das Weichen resp. Wässern der zu Blank-, Zeug- und Geschirrleder bestimmten Häute muß sehr gründlich und mit großer Genauigkeit durchgeführt werden.

Es ist unbedingt notwendig, daß die Häute vollständig erweicht, blut- und mistrein in den Äscher kommen. Ein dreitägiges Wässern mit vier- bis fünfmaligem Wasserwechsel wird für die gesalzenen Häute in den meisten Fällen genügen. Das erste Wasser, in welches die Häute gebracht werden, wird nach 4—6 Stunden durch frisches ersetzt, darin verbleiben dann die gut abgespülten und abgetropften Häute bis zum folgenden Tag. Dann gibt man je nach Temperatur am zweiten und dritten Tage je ein- oder zweimaligen Wasserwechsel. Die Häute sind dann genügend gewässert.

Am besten eignen sich Wasserkästen, in welche man die Häute entweder lang oder über Stangen hineinhängen kann, und die mit Zu- und Abflußvorrichtung versehen sind.

Das häufige Aufschlagen kann in diesem Falle unterbleiben.

Äschern.

Da Geschirrleder neben milder Narbe und Geschmeidigkeit auch große Zähigkeit besitzen soll, so muß bereits in den Vorarbeiten, zu denen als Hauptsache das Äschern gehört, darauf hin gearbeitet werden. Das Kälken bei Blankleder ist mit noch größerer Vorsicht zu handhaben, als bei Vache- und Riemenleder. Hier muß schon der Grund gelegt werden zu der späteren Beschaffenheit des Leders. Beim Hinarbeiten auf

Milde muß verhindert werden, daß dies etwa auf Kosten der Haltbarkeit und Zähigkeit des Leders geschieht, und man hält deswegen die Äscher ziemlich frisch, da alte und faule Äscher leicht leere und lappige Leder erzeugen.

Viel mehr Kalk als dem Vache- braucht man auch dem Blankleder nicht zu geben.

Es werden sogar häufig auch Vache- und Blankleder in den vorbereitenden Stadien zusammen bearbeitet, und erst während oder nach vollendeter Gerbung werden die Leder zu der einen oder anderen Sorte sortiert und dementsprechend zugerichtet. Das Äschern der Blankleder muß aber, je nachdem das Leder mehr oder weniger fest sein soll, dementsprechend ausgedehnt werden.

Man kann 4—12 Tage äschern, die Hauptsache bleibt immer, keine faulenden und alten Äscher zu benutzen, wobei es natürlich ganz selbstverständlich ist, daß die Häute nicht gleich in ganz frische Äscher eingelassen werden sollen, sondern erst 1—2 Tage einen gebrauchten Äscher durchlaufen.

Bei einem regelmäßigen Betriebe ist es gut, daß soviel Äscher vorhanden sind als die Äscherung Tage erfordert. Nehmen wir an, daß 7 Tage geäschert werden soll, was ziemlich der Durchschnitt bei Blankleder sein wird, so richten wir uns 6 Äscher ein, deren Größe für etwa je 100 Häute ausreicht.

Bei jeder neuen Partie wird der schlechteste, d. h. der Äscher frisch gestellt, in welchem zuletzt die frisch eingelassenen Häute gewesen sind.

In den ersten drei Äschern ist es angebracht, etwas Schwefelnatrium zuzusetzen, ca. 300 g pro 100 kg Haut. Die letzten drei oder vier Äscher haben aber nur reinen Weißkalk.

Der Zusatz von Schwefelnatrium bewirkt, daß die Haare leichter gehen, wodurch beim Haaren große Kraftanstrengung vermieden werden kann. Die Häute vor dem Enthaaren in warmes Wasser zu bringen, ist unter allen Umständen zu empfehlen, nur muß die nötige Vorsicht gebraucht werden.

Bei einem kleinen Betriebe werden drei Äscher eingerichtet, von denen jedesmal einer frisch angestellt wird, dem zweiten oder mittleren wird das Schwefelnatrium zugesetzt und der dritte oder alte Äscher wird zum Eintreiben der frischen Weichhäute benutzt, um dann fortgelassen zu werden.

Die enthaarten Häute werden in frisches Wasser gebracht, welchem einige Eimer frische Kalkbrühe zugesetzt sind. Um das Eindringen des Lichtes zu verhindern, wodurch Schattenflecke entstehen, empfiehlt es sich, die Gefäße zuzudecken; Kalk gibt man deshalb zu, weil die Narbe in ganz frischem Wasser durch die Kohlensäure, die dasselbe enthält, leicht rauh werden würde.

Nach zwei- bis dreimaligem Wasserwechsel (mit Kalkmilchzusatz) werden die Leder von der Aasseite sorgfältig bis auf die Aderlage geschoren, letztere unberührt lassend, und kommen dann nochmals in frisches Wasser mit Kalkmilchzusatz zurück, aus welchem sie geglättet werden.

Vor dem Glätten setzt man in einem Gefäß, welches ca. 100 Liter Wasser enthält, eine leichte Salzsäurelösung an ($1/2$ kg Salzsäure auf 100 Liter Wasser von ca. 20^{0} R), in die die zu glättenden Häute einzeln auf ca. 5 Minuten eingelegt und dann vorsichtig geglättet werden.

In einzelnen Betrieben läßt man die zu glättenden Leder bis zu 10 Minuten trocken im Walkfaß laufen und legt solche dann 2 Minuten in ca. 30^{0} R warmes Wasser. Die Leder werden dabei schäumig und schlüpfrigglatt, wodurch ein Wundstreichen beim Glätten unmöglich gemacht wird, aber ein gewisser Verlust an Hautsubstanz ist hierbei nicht zu vermeiden.

Nach dem Glätten kommen die Blößen in die Beize.

Die Beize.

In der Praxis werden die verschiedensten Arten von Beizen angewendet, wobei jeder Praktiker von den Vorzügen seiner Beize fest überzeugt und schwer von seiner Überzeugung abzubringen ist. Die gebräuchlichsten sind die Vogelmistbeize, aus Tauben- und Hühnerkot hergestellt, die Kleienbeize, aus Weizenkleie, die Hundekotbeize und schließlich die aus beiden kombinierte Beize. Ferner hat sich auch das Eroïdin, ein künstlich hergestelltes Beizmittel, gut bewährt. In der jüngsten Zeit werden diese natürlichen Mistbeizen so gut wie nirgends mehr angewandt, sondern ausschließlich künstlich hergestellte Beizen.

a) Die Vogelmistbeize.

Zur Herstellung der Vogelmistbeize wird der Mist mit kochendem Wasser übergossen oder direkt mit Dampf aufgekocht, die Abkochung $1/2$ Tag zugedeckt stehen gelassen und dann das ganze durch Sackleinwand filtriert, damit kein Schmutz, Sand etc. mit in die Beize kommt. Man kann zur Anstellung sich auch eines Fasses mit Doppelboden bedienen. Der letztere ist mit vielen kleinen

Löchern versehen, und mit Leinwand überspannt. Zwischen beiden Böden befindet sich ein Abflußhahn. Das Gefäß wird so aufgestellt, daß der Hahn direkt in das Beizgefäß mündet.

Beim Frischanstellen der Beize rechnet man ca. 50 kg Tauben- resp. Hühnermist auf eine Flüssigkeitsmenge, in welcher 25 Häute getrieben werden können. Man füllt das Gefäß so weit mit heißem Wasser, daß die Beizflüssigkeit bequem hinein geht, läßt diese aus dem Faß hineinlaufen und rührt gut um. Es empfiehlt sich dabei, die Beize mit etwas reiner, alter Brühe abzustumpfen, weil die reine, frische Beize gerne einen unangenehmen rostig roten Ton an den Blößen erzeugt.

Man kann auch bei jeder nachfolgenden Partie die benutzt gewesene klare Beizbrühe abpumpen und zur Anstellung der neuen Beize benutzen, und zwar gibt man dabei ungefähr die Hälfte der zum Ansetzen der frischen Beize angegebenen Menge frischen Kots. Sonst muß dieselbe mindestens nach drei Partien frisch gestellt werden.

Zum Gebrauch wird sie auf 30° C angewärmt. Die Häute bleiben so lange darin, bis sie genügend verfallen sind, was in einem Zeitraume von 8—36 Stunden geschehen kann, je nach der Jahreszeit, der Temperatur- bezw. den Witterungsverhältnissen, der Konzentration der Beize und der Wasserbeschaffenheit.

b) Die Kleienbeize.

Dieselbe wird von Weizenkleie bereitet, und es empfiehlt sich, zum Beizen zwei Gefäße zu benutzen. Die frischen Häute kommen in die alte, schon gebrauchte Beize und werden nach ca. 10 Stunden in die frisch angesetzte Beize übergesetzt. Die alte Beize wird dann abgelassen und wieder frisch gestellt.

Auf diese Weise ist ein Matt- oder Stippigwerden der Häute weniger zu befürchten.

Die Kleienbeize ist in der Handhabung bedeutend schwieriger als die Mistbeize. Namentlich im Sommer muß man sehr aufmerksam sein. Vor allem bei Gewitterluft gerät die Kleienbeize leicht in eine sehr intensive Gärung, und die Häute erleiden, wenn sie annähernd durchgebeizt sind und nicht sofort aus der Beize genommen werden, leicht Schaden. Eine derartig übergegangene Beize ist nicht mehr zu gebrauchen. Dieselbe muß fortgelassen werden.

Zur Anstellung der Kleienbeize werden auf 100 kg Blößen 2½—3 kg Weizenkleie genommen, und zwar setzt man die Weizenkleie tags zuvor in heißem Wasser an. Als Ferment kann man Brühe aus der alten Beize nehmen oder auch etwas Sauerteig.

Vor dem Gebrauch wird die Beize mit der entsprechenden Menge Wasser, welches auf 30° C. erwärmt ist, angestellt bezw. verdünnt.

Die Beizoperation selbst soll nicht länger als 20 Stunden dauern, und es ist immer gut, wenn die Häute abends 6 Uhr in die Brühe kommen, bis 7 Uhr in derselben bewegt werden, um dann gut zugedeckt die Nacht über sich selbst überlassen zu bleiben. Am nächsten Morgen werden die Blößen in warmem Wasser abgespült und in die frische Kleienbeize übergesetzt, wo dieselben unter anfänglichem Bewegen so lange verbleiben, bis solche genügend verfallen sind.

Würde man zu einer anderen Zeit, als gegen Ende des Tages, die Häute in die Beize bringen, so müßten dieselben auch noch des Nachts über beobachtet werden.

c) Die Hundekotbeize.

Die durchschnittliche Zusammensetzung des Hundekots ist nach Wood:

Wasser	85%
Organische Substanzen, lösliche . .	3%
„ „ unlösliche .	7%
Mineralische Substanzen, unlösliche	4%
„ „ lösliche .	1%

Wood hat auch festgestellt, daß Ammoniak im allgemeinen nur selten nachweisbar ist, häufig dagegen Amine, d. h. Verbindungen, welche sich vom Ammoniak in der Weise ableiten, daß ein, zwei oder alle Wasserstoffatome durch organische Radikale ersetzt sind.

Die Amine sind entstanden durch Zersetzung von Eiweißsubstanzen, sie bewirken ein Verfallen der Haut. Schrumpfend wirken auch die Chloride (Kochsalz); unwesentlich für die Wirkung sind die gebundenen organischen Säuren; günstig aber und verfallend wirken die Amidosäuren.

Die in Schwellung befindliche und dem Lösen nahe Hautsubstanz wird durch die Wirkung der Beize verflüssigt und tritt mit dem Schleim aus, worauf die Blöße verfällt.

Die Ausführung ist fast genau wie bei der Vogelmistbeize.

d) Kombinierte Beize.

Dieselbe wird aus Mist und Kleie zusammengemischt. Man brüht Weizenkleie mit heißem Wasser ab und setzt dann gleiche Teile klare Mistbrühe zu.

Die Weizenkleie ist vor dem Gebrauche von allen Mehlteilchen zu reinigen, und zwar geschieht dieses auf folgende Weise: Die Kleie wird in einem geräumigen Faß mit kaltem Wasser angerührt, die schwere Kleie setzt sich dabei zu Boden und das leichte Mehl schwimmt obenauf. In entsprechender Höhe vom Boden des Fasses sind einige Löcher angebracht, durch die man das mehlige Wasser abfließen lassen kann, sobald sich die Kleie zu Boden gesetzt hat. Diese Manipulation wiederholt man einige Male, bis die Kleie mehlrein ist. Erst die so gereinigte Kleie wird mit heißem Wasser abgebrüht, und wenn sie etwas abgekühlt ist, mit klarer Taubenmistbrühe versetzt und dann noch zwei Tage stehen gelassen. Durch die Mistbeize, die als Ferment dienen soll, tritt Gärung ein, die nicht sauer, andererseits aber auch nicht so stark faulig sein soll, wie dies bei reiner Mistbeize der Fall.

Die Beize ist sehr mild, soll aber trotzdem gründlich wirken, die Häute halten es in dieser Beize deshalb länger aus, als in reiner Beize. Dies verdient besonders Beachtung bei starken Blößen, welche schwer in kurzer Zeit sich durchbeizen lassen. Die stark konzentrierten, wie auch sehr warmen Beizen, welche man sonst zu diesem Zwecke anwendet, greifen die Außenflächen der Blößen wohl stark und rasch an, den Kern aber nicht genügend, weshalb ein richtiges Durchbeizen meist nicht stattgefunden hat.

Temperatur und Behandlungsweise sind analog den anderen Beizen.

* * *

Die gebeizten Blößen werden aus der Beize genommen, in warmem Wasser gehaspelt, auf der Aasseite tüchtig abgezogen, von der Narbenseite aber nur, wenn es nötig ist, gestrichen, wobei die Blößen vorher durch warmes Wasser gezogen werden müssen.

Nach dem Ermitteln des Blößengewichts werden die Blößen eingetrieben.

Das Anfärben und Gerben.

Die Gerbung für gewöhnliches Geschirrleder ist ziemlich dieselbe wie für Riemenleder.

Für Blankleder besserer und feinerer Marken ist eine Angerbung im Haspel oder Schaukelfarben oder auch in Treibfarben zu vermeiden. Da bei Blankleder eine mildere an den Kern gut anschließende, glatte und widerstandsfähige Narbe verlangt wird, muß die Angerbung in süßen Brühen geschehen, da säurehaltige Brühen die Narbe leicht ziehen und spröde machen würden.

Bei gut rein gemachten und namentlich stark gewässerten Blößen verzieht sich weniger leicht der Narben als bei anderen; ferner verursachen stark saure Brühen bei gleichem Gerbstoffgehalt intensivere Narbenbildung als süßere Brühen.

Um also beim Blankleder die verlangten Eigenschaften der Narbe zu erhalten, hat man dafür zu sorgen, daß die Anfärbebrühen nicht viel Gerbstoff und noch weniger Säure enthalten, aber möglichst frei von Farbstoffen sind.

Die Anfärbung der Blößen in den Farben kann in einer Woche erledigt sein. Dieses ist folgendermaßen durchzuführen:

Die frisch eingetriebenen Blößen erhalten am folgenden Tage

5 kg Eiche und 5 kg Fichte auf je 100 kg Blößenmenge.

Nach dem dritten Tage macht man die Farbe wieder frisch und setzt 10 kg Eiche und 10 kg Fichte zu.

Nach weiteren drei Tagen sind die Häute schon angefärbt und kommen in die Einhänge- oder Aufschlagfarben, aus welch letzteren dieselben täglich zweimal aufgeschlagen werden müssen.

Ist die Einrichtung einer Farbenanlage mit Überlaufsystem vorhanden, und sollen die Häute schon in den Farben gut angegerbt werden, dann ist die Sache viel einfacher. Man fängt mit der schwächsten Brühe an und geht im Laufe von drei Wochen bis zu 2° Bé, um die Häute dann zu versenken.

Da die Farbbrühen durch die Benutzung stets trüber werden, zum Anfärben aber nur klare Brühen verwendet werden sollen, so ist es angebracht, nach jedem Farbenturnus die Brühen durch gebrauchte Versetzlohe zu filtrieren.

Bei Blankleder hat es sich gut bewährt, die Häute in den Farben schon möglichst weit durchzugerben und sie nur zur Erzielung genügender Festigkeit zu versetzen.

Es läßt sich aber auch ohne Versetzen eine schöne Ware erzielen, jedoch mangelt es hier an genügender Festigkeit bzw. Stand.

Die Brühe in den Hängefarben kann hergestellt werden aus Fichte, Quebracho, Myrobalanen und Mimosa etc. und zwar von letzteren drei Materialien zu je 2, von Fichte zu

6 Teilen. Der von dieser Mischung zu erzielende Farbenton ist gerade für Blankleder recht beliebt.

Nach Beendigung der Gerbung werden die Leder aus der starken Brühe auf einen Tag in eine leichte, klare Brühe gebracht, damit der an der Oberfläche hängende Gerbstoff an die leichtere Brühe abgegeben wird und beim späteren Auswaschen nicht verloren geht.

Dadurch wird auch eine Fleckenbildung auf den Häuten vermieden, wie man sie beobachtet, wenn solche Häute längere Zeit an der freien Luft liegen bleiben. Aus dieser leichten Brühe werden die Leder ausgewaschen, gepreßt oder zum Abwelken aufgehängt, um dann zur weiteren Zurichtung zu gelangen.

Für diese Art der Gerbung ist es notwendig, in der Extraktion möglichst stark konzentrierte Brühen zu gewinnen.

Eine rationelle Ausbeute der Gerbmaterialien wird man in einem größeren Betriebe erreichen, wenn man eine Extraktionsbatterie aus durchschnittlich 6 Gefäßen in der Größe von 2 m im Geviert benutzt, so daß man in der Lage ist, stets hinreichende Mengen genügend starker Brühen zu schaffen.

Nach Courtier brauchen 100 kg Blößen zur Umwandlung in Geschirrleder 24—30 kg reinen Gerbstoff, je nach Qualität; darauf ist also die Kalkulation aufzubauen, die Menge des Gerbstoff- bezw. Gerbmaterialverbrauchs zu berechnen und das festgestellte Gerbstoffquantum auf die einzelnen Stadien der Gerbung zu verteilen.

Nehmen wir z. B. eine Partie von 100 Häuten von à 37 kg an, so ergeben diese bei einem Blößenrendement von 80 % 2960 kg Blöße. Um diese in Blankleder überzuführen, wären nötig 888 kg reiner wirksamer Gerbstoff. Dieser soll gewonnen werden zu 6 Teilen aus Fichtenlohe und je 2 Teilen aus Mimosarinde, Myrobalanen und Quebracho. Es entfielen also auf Fichte 444 kg, Mimosa 148 kg, Myrobalanen 148 kg und Quebracho auch 148 kg reiner Gerbstoff. Die Gerbstoffquanten entsprechen nun folgenden Gerbmaterialmengen: Fichte (bei 12% Gerbstoffgehalt und einer Ausbeute von 9%) rund 5000 kg, Mimosa (bei 34% Gerbstoffgehalt und einer Ausbeute von 30%) 495 kg, Myrobalanen (bei 30% Gerbstoffgehalt und einer Ausbeute von 26%) 570 kg und Quebrachoholz (bei 20% Gerbstoffgehalt und einer Ausbeute von 16%) 925 kg.

Bei der Grubengerbung wird nach denselben Vorarbeiten und unter den gleichen Verhältnissen in den Farben angegerbt, also 1 Woche Haspelfarben, 14 Tage Hängefarben in der Brühenstärke von 0,8—1,8° Bé gegeben, die Häute auf 14 Tage in eine Versteckfarbe, dann auf 4 Wochen in einen Versenk, schwere Häute auf 4 Wochen in einen zweiten Versenk gebracht und schließlich zweimal versetzt auf 6 bezw. 8 Wochen.

Die Brühen für die Farben werden entweder aus oben angegebener Komposition oder auch nur aus $^2/_3$ Fichte und $^1/_3$ Quebracho hergestellt, auch kann etwas Gambier zugesetzt werden.

Bei diesem Verfahren braucht keine große Extraktionsbatterie angelegt zu werden, weil das Versetzmaterial noch soviel Gerbstoff enthält, um Brühen von genügender Stärke für die Haspelfarben zu liefern, und daher würden zwei Gefäße von der angegebenen Größe zur Beschaffung der Brühen für die Hängefarben genügen. Jede Partie von 100 Häuten würde dann zwei Gefäße mit je einer Füllung von:

600 kg	Fichte	(ca. 12%, Ausbeute 9%)	= 54 kg Gerbstoff
300 „	Quebracho	(ca. 20% „ 16%)	= 48 „ „
25 „	Gambir	(ca. 44% „ 40%)	= 10 „ „
925 kg	Material		112 kg Gerbstoff

benötigen.

Verbrauch in zwei Gefäßen also = 1850 kg Material = 224 kg Gerbstoff.

Für 2960 kg Blöße also 224 kg Gerbstoff, das ist auf
100 „ „ 7,6 „ „

Versteck — Dauer: 14 Tage.
Pro 100 kg Blöße:

20 kg	Fichte	(ca. 12% Ausbeute = 9%)	= 1,8 kg Gerbstoff
10 „	Quebracho	(ca. 20% „ = 16%)	= 1,6 „ „
30 kg	Material		3,4 kg Gerbstoff.

I. Versenk: — Dauer: 4 Wochen.

12 kg	Fichte	(ca. 12% Ausbeute = 9%)	= 1,1 kg Gerbstoff
10 „	Eiche	(ca. 11% „ = 8%)	= 0,8 „ „
13 „	Quebracho	(ca. 20% „ = 16%)	= 2,1 „ „
35 kg	Material		4,0 kg Gerbstoff.

I. Satz. — Dauer: 6 Wochen.

30 kg	Eiche	(ca. 11% Ausbeute = 8%)	= 2,40 kg Gerbstoff
25 „	Fichte	(ca. 12% „ = 9%)	= 2,25 „ „
55 kg	Material		4,65 kg Gerbstoff.

II. Satz. — Dauer: 8 Wochen.

62 kg Eiche (ca. 11% Ausbeute = 8%) = 5,00 kg Gerbstoff.

Zusammen also:

in den Farben:	7,60	kg Gerbstoff
im Versteck:	3,40	„ „
„ Versenk:	4,00	„ „
„ I. Satz:	4,65	„ „
„ II. Satz:	5,00	„ „
	24,65	kg Gerbstoff auf 100 kg Blöße.

Eine weitere bewährte Kombination, und zwar mit käuflichen Extrakten, welche sich auch in den kleinsten Betrieben einführen läßt, und nach der man sehr gute Ware erzeugen kann, ist auf folgende Weise zu erzielen. Wenn Dampf zum Lösen der Extrakte nicht vorhanden ist, so können nötigenfalls die Extrakte auch in offenen, kupfernen Kesseln gelöst werden. Steht Dampf zur Verfügung, dann werden die Extrakte in einem entsprechend großen Bottich gelöst, welcher auf einem erhöhten Sockel steht, damit die fertige Lösung mittelst eines Ablaßrohres in einen Zober oder in ein sonstiges Transportgefäß gefüllt werden kann.

Man kann sich die Mischung folgendermaßen herstellen:

300 Teile Quebrachoextrakt
40 „ Würfelgambier
100 „ Eichenholzextrakt,

wovon auf 100 kg Blöße verbraucht werden:

30 kg Quebrachoextrakt	ca. 40% =	12,0	kg Gerbstoff,
4 „ Würfelgambir	ca. 50% =	2,0	„ „
10 „ Eichenholzextrakt	ca. 25% =	2,5	„ „
dazu in den Farben noch:			
55 kg Eichenlohe	ca. 8% =	4,5	„ „
55 „ Fichtenlohe	ca. 9% =	5,0	„ „
44 kg Mischextrakt / 110 „ Material	m. zusammen =	26	kg Gerbstoff.

Zur leichteren Verteilung löst man diese 44 kg Mischextrakt entweder in einer bestimmten Menge Flüssigkeit, welche dadurch sich dann leicht auf die verschiedenen Farben verteilen läßt, oder man löst die abgemessenen kleinen Quantitäten, wie sie gebraucht werden, einzeln auf.

Von dieser Extraktmischung gibt man kleinere Mengen schon von früheren Stadien der Gerbung an, nachdem die Blößen in der Haspel angefärbt worden sind. Es empfiehlt sich, einen Farbengang von 12 Farben zu geben, die erste wird mit 5 kg Eiche, 5 kg Fichte pro 100 kg Blöße beschickt, die in der Haspel angefärbten Häute hineingebracht und nach zwei Tagen entweder die Häute oder die

Brühe weiter gebracht, je nach der vorhandenen Einrichtung. Von der 2. Farbe ab gibt man allmählich steigende Mengen der Extraktmischung. Das jedesmalige Quantum ist in heißer Brühe zu verdünnen und in dieser Form der Farbe zuzusetzen. Mit der 12. Farbe müssen die angegebenen Quantitäten der Gerbmaterialien verbraucht sein. Es genügen für jede Farbe 3—4 Tage.

Wie bereits erwähnt, läßt sich diese Art Gerbung in jeder, noch so kleinen Gerberei ausführen, es brauchen die Farben keine Hängefarben zu sein, es können auch Aufschlagfarben benutzt werden.

Aus der letzten Farbe kommen die Häute auf drei Tage in Sumachfarben, und zwar rechnet man auf 100 kg Blöße = 4 kg Sumach.

Hierdurch werden die Häute nicht nur aufgehellt, sondern sie gerben gleichzeitig nach. Aus dem Sumach ist es gut, die Häute noch einen Tag in alter abgestandener Brühe, die aber nicht faulig sein darf, stehen zu lassen. Aus dieser werden sie dann zugerichtet.

Es ist nun nicht zu behaupten, daß in der Praxis überall auf 100 kg Blöße 30 kg reiner Gerbstoff gegeben werden, von denen ca. 26 kg ausgenutzt werden. Es dürften vielmehr zahlreiche Fabrikate auf den Markt kommen, die mit geringeren Gerbstoffmengen gegerbt worden sind, während auf der anderen Seite erfahrungsgemäß auch weit größere Gerbstoffmengen, meist aber gänzlich zwecklos, gegeben werden. Ein qualitätreiches Leder kann zwar nur durch volle, satte Gerbung erzielt werden, aber diese ist mit den obigen Gerbstoffquantitäten bei rationellem Betriebe sehr wohl zu erreichen.

Die Zurichtung des Geschirr- und Blankleders.

In der Gerbung war die Behandlung aller dieser Ledergattung angehörenden Spezialitäten gleich, die Art der Zurichtung geht dagegen auseinander und auch nur darin liegen in der Hauptsache die Unterscheidungsmerkmale derselben.

Naturbraunes Blankleder.

Die gut durchgegerbten Leder werden zunächst in Hälften getrennt, ausgepreßt, auf der Narbe abgeölt und angetrocknet, dann durch lauwarmes Wasser gezogen und derart auf Haufen geschichtet, daß abwechselnd Kern und Hals aufeinander zu liegen kommen, um sich gleichmäßig durchfeuchten zu können.

Empfehlenswerter, allerdings auch kostspieliger ist, anstatt die Häute durch Wasser zu ziehen, dieselben mittelst einer Bürste auf Aas und Narbe nachzufeuchten, wobei man es mehr in der Hand hat, ihnen den richtigen Feuchtigkeitsgrad für die nachfolgenden Operationen zu geben.

Nachdem die Häute einen halben bis einen Tag gelegen haben, werden sie, wenn die Ware egalisiert verlangt wird, im Kern, d. h. in den Hüften und im Schild mit dem Falz oder auf der Spaltmaschine egalisiert, alsdann die ganze Aasseite mit dem Blanchiereisen rein gefleischt, sozusagen, die Ader gespalten; hierauf mindestens 1/4 Stunde im Walkfaß unter Zufluß von warmem Wasser aufgewalkt und mit Bürste und Schlicker aus dem warmen Wasser ausgewaschen.

Nach dem Auswaschen werden die Leder, speziell solche, die mit Extrakt gegerbt wurden und alle anderen, die nicht schon hell genug in der Farbe sind, in Sumach oder Bleizucker und Schwefelsäure gebleicht. Man verfährt hierbei wie folgt:

Drei möglichst geräumige Gefäße von gleicher Größe werden mit Wasser zur Hälfte angefüllt.

Dem ersten Gefäß wird 1/4—1/2% Schwefelsäure zugesetzt,

dem zweiten Gefäß 500 g Bleizucker auf 100 l Wasser, wobei (was auch als Kontrolle benutzt wird) die Mischung widerlich süß schmecken wird,

das dritte Gefäß enthält reines Wasser.

Man legt nun die ausgewaschenen und zu bleichenden Hälften derart zusammen, daß die Aasseite nach innen kommt, die Narbenseite also überall von der Brühe bespült werden kann, und taucht nun die Hälften zuerst in die Schwefelsäurelösung, dann in die Bleizuckerlösung und wiederholt dies mehrere Male, bis ein deutliches Hellerwerden bemerkbar wird, worauf die Leder in dem reinen Wasser tüchtig abgespült und zum Abtropfen auf den Bock gelegt werden.

Die zu Naturbraun bestimmten Leder sind so genügend gebleicht und müssen jetzt gleichmäßig hell und zart von der Narbe sein.

Nach dem Abtropfen werden dieselben mit dem Stahlschlicker von der Aasseite und mit dem Messingschlicker auf der Narbe ausgesetzt.

Schon durch bloßes Ansäuern des Wassers zum Auswaschen der Häute mit Schwefelsäure erreicht man oft eine genügende Aufhellung. Bei Anwendung von Schwefelsäure und Bleizucker ist die Wirkung jedoch eine doppelte, d. h. eine direkte Einwirkung auf das Leder und eine indirekte durch die Einwirkung der Säure auf den Bleizucker, das essigsaure Bleioxyd. Das letztere wird nämlich in schwefelsaures Bleioxyd umgewandelt, eine Masse, die sich durch blendend weiße Farbe und große Deckkraft auszeichnet und somit ebenfalls zur Aufhellung des Leders beiträgt.

Der Bleizucker ist beinahe in jedem Verhältnis in warmem Wasser löslich, und seine Lösung dringt sehr leicht in die Oberfläche des Leders ein. Wird der Bleizucker dann durch die Schwefelsäure in unlösliches, weißes, schwefelsaures Bleioxyd umgewandelt, so bekommt die Oberfläche des Leders dadurch einen weißen Überzug. Gleichzeitig ist sie aber schon durch die Schwefelsäure gebleicht.

Zu stark angewendete Säure wirkt dagegen zerstörend auf das Leder und das schwefelsaure Bleioxyd bildet, wenn es zu reichlich vorhanden ist, in den Poren des Leders eine Kruste und beide Übelstände können das Leder leicht spröde machen. Es ist deshalb dieses Mittel mit Vorsicht zu gebrauchen, und man soll über ¼—½-prozentige Lösungen nicht hinausgehen.

Auch Bleizucker darf aus obigen Gründen nicht zu stark angewendet werden. Es genügen 500 g auf 100 Liter Wasser vollkommen.

Nach dem Bleichen mehrerer Häute muß zugebessert werden, jedoch ist es ratsamer häufiger durchzuziehen, als ein zu starkes Bad zu nehmen.

Bei alleiniger Verwendung von Schwefelsäure zum Bleichen kann man zwecks Neutralisation der in den Häuten zurückgebliebenen Säuren Ätznatron verwenden. Die Leder werden zuerst in der Säurelösung aufgehellt und dann in die Natronlösung gebracht, worauf noch ein stärkeres Wässern nötig ist zur Entfernung des sich bildenden löslichen schwefelsauren Natrons. Da bei diesem Verfahren nur die Säure allein wirkt, erzielt man keine so intensive Aufhellung, aber dasselbe ist weniger gefährlich, da die härtenden oder wenigstens rauh machenden unlöslichen Bleisalze fehlen, die Narbe bleibt zarter und milder.

Feinere Fabrikate werden nun noch in der Sumachbleiche behandelt.

Zu diesem Zwecke wird 1 kg Sumach pro 1/1 Leder vollständig aufgekocht, dann auf 40° R abgekühlt und die Leder mit dieser Sumachbrühe entweder in der Haspel oder in dem Walkfasse oder auch einem Aufschlaggefäß behandelt.

Zu bemerken ist, daß ein zu langes Liegen des Leders im Sumach dasselbe zugig und locker machen kann, weshalb zu empfehlen ist, diese Operation nicht zu lange auszudehnen, da Blankleder doch kernig und nicht zugig sein soll.

Zum Bleichen im Walkfaß genügen zehn Minuten, in der Haspel oder Trommel eine halbe Stunde, im Bottich eine Stunde. Für Blankleder ist das Bleichen im Bottich am ratsamsten, weil hierbei die Leder am wenigsten geschlagen werden.

Nach dem Bleichen und tüchtigem Abspülen werden die Leder von der Aasseite tüchtig ausgereckt, auf der Narbenseite mit Helltran abgeölt, dann auch auf der Fleischseite leicht mit Degras oder einem Gemisch von Degras und Tran ganz schwach gefettet und zum Ablüften aufgehängt. Das Fett darf aber nur in sehr geringer Menge aufgetragen werden, vielfach läßt man es auch bei dem Abölen der Narbe bewenden. Sobald dieselben genügend abgewelkt sind, werden sie abgenommen und die zu trocken gewordenen Stellen angefeuchtet, was, da manchmal das Wasser nicht ganz frei von Eisen ist, am besten mit einer ganz leichten, klaren Sumachbrühe geschieht. Dann läßt man die Leder zum gleichmäßigen Durchziehen eine Zeit lang auf Haufen liegen, von wo aus dieselben gestoßen werden.

Vor dem Stoßen werden die Leder jedoch noch mit einem dünnen Appretur-Brei, aus Tonerde oder Talkum und einer Kleinigkeit Karagheenmoos- oder dünner Tragantlösung zusammengemischt, auf der Aasseite gründlich ausgerieben; der Mischung kann auch irgend ein gewünschter heller Farbenton zugesetzt werden.

Bei dem jetzt folgenden Stoßen ist darauf zu achten, daß die Narbe nicht überstoßen wird, da dies beim fertigen Leder schlecht aussieht; auch dürfen die Leder nicht zu naß sein, da sonst das Stoßen nahezu zwecklos ist; sind sie aber wieder zu trocken, so ist ein Überstoßen kaum zu vermeiden. Der richtige Trockenheitsgrad ist also die Hauptsache.

Nachdem die Leder mit der Maschine, jetzt wohl kaum mehr mit der Hand, tüchtig gestoßen worden sind, wird die Narbe mittelst eines nassen Lappens gereinigt und dann mit einem feinen, scharfen Messingschlicker nachgeholt, worauf dieselben mit einem

Fig. 21. Glanzstoß-, Abglas-, Roll- und Chagriniermaschine der Badischen Maschinenfabrik in Durlach.

Dieses System eignet sich besonders zum Glänzen, Abglasen, Rollen und Chagrinieren schwerer Ledersorten. Durch Auswechseln der Werkzeuge mit den erforderlichen Haltern kann die Maschine zu diesen verschiedenen Arbeiten Verwendung finden. * Zum Glanzstoßen wird eine Glas- oder Achatrolle, zum Abglasen ein Glasschlicker, zum Chagrinieren eine gravierte Narbenrolle und zum Walzen eine glatte Metallrolle eingesetzt. Jedes dieser Werkzeuge arbeitet nur in einer Richtung und zwar beim Rückgange. Hierbei übt es einen gleichmäßigen Druck auf das Leder aus.

reinen Lappen und reinem Wasser nochmals gut abgewaschen werden.

Das Wasser ist häufig zu wechseln, ebenso ist der Lappen oft auszuwaschen.

Die abgewaschenen Leder werden längs des Rückens auf Stangen genagelt aufgehängt und, nachdem dieselben etwas welk geworden sind, wieder abgenommen.

Die zu trockenen Stellen feuchtet man mit leichter Sumachbrühe etwas an, läßt solche gleichmäßig durchziehen und stößt die Leder nach.

Da sie nun schon beim Vorstoßen ausgerieben sind, so braucht man dies jetzt nicht mehr zu wiederholen; nur nimmt man hier, um einesteils die Leder kleben zu machen, andernteils das Talkum oder den Ton gut zu decken, damit derselbe nicht abfärbt und damit die Aasseite ein geschlossenes Aussehen erhält, reines, und zwar dick gekochtes Karagheenmoos oder Tragant zu Hilfe, trägt die Lösung mit einer Bürste auf, spritzt einige Tropfen hellen Trans oder Leinöls gleichmäßig auf die überstrichene Aasseite und reibt das Öl mit dem Handballen oder einem wollenen Lappen gleichmäßig auseinander. Letzteres geschieht, damit beim Abnehmen des nachgestoßenen Leders von der Tafel die Aasschmiere nicht auf derselben kleben bleibt und die Fläche rauh wird, sondern sich glatt ablöst. Kommt es dennoch vor, daß die Aasseite sich stellenweise noch hebt infolge zu festen Klebens an der Tafel, so werden diese Stellen durch einen leichten Strich des Handballens wieder geglättet.

Ist das Vor- und Nachstoßen gründlich ausgeführt, so ist, vorausgesetzt, daß die Narbe nicht zu hart ausgegerbt ist, ein drittes Stoßen nicht nötig.

Nachdem die Leder nahezu trocken sind, werden dieselben, damit sie sich glatt legen, gleichmäßig auf Haufen gelegt und auf irgend eine Art während 24 Stunden gepreßt oder beschwert.

Naturbraune Blankleder sind nun fertig, werden nur noch sauber in Façon beschnitten, mit einem reinen feuchten Lappen vorsichtig und gleichmäßig überfeuchtet, und zwar so, daß der Kern etwas mehr, die Seiten weniger und die Flämen sehr wenig Feuchtigkeit bekommen. Wenn sich das Wasser verflüchtigt hat, bürstet man sie auf der Bürstmaschine. In Ermangelung einer solchen nimmt man eine Kartätsche und bürstet den Naturglanz heraus. Man kann den Glanz des Narbens erhöhen, wenn man beim Anfeuchten zum Glanzbürsten anstatt reinen Wassers halb Wasser und halb frische süße Milch nimmt.

Ist eine Klimaxmaschine oder eine Pendelwalze mit gerader Tischfläche vorhanden, so werden die Leder ganz leicht und vorsichtig gewalzt, so daß keine ungleichen Druckstellen darin vorkommen können, was die Gleichmäßigkeit der Farbe des Leders beeinträchtigen würde.

Hierauf werden die Häute nochmals eingepreßt, und dann mit einem wollenen Lappen trocken gut abgerieben, worauf dieselben versandfähig sind.

Schwarzes Blankleder.

Bei der Zurichtung von schwarz blankgestoßenen Ledern sind dieselben Vorarbeiten nötig, wie bei braunem Blankleder, nur brauchen dieselben nicht vorher gebleicht zu werden. Diese Leder werden nach dem Fertigstoßen geschwärzt, und zwar zuerst mit einer starken Blauholzabkochung grundiert und dann mit einer Eisenschwärze geschwärzt. Hierbei müssen, wenn ein vollkommen schwarzer Ton erreicht werden soll, sowohl die Blauholzbrühe als auch die Schwärze stets gut eingerieben werden, ehe ein neuer Auftrag erfolgt.

Es empfiehlt sich, nach dem Auftragen der Eisenschwärze die Häute nochmals mit Blauholzabkochung zu überfahren, wodurch ein tieferes Blauschwarz erzeugt wird. Wünscht man dagegen eher einen Stich ins Gelbliche, so nimmt man anstatt Blauholz Gelbholz zum Abreiben.

Das fertig geschwärzte Leder wird ganz schwach auf der Narbe mit Leinöl abgerieben und dann vollständig trocken gemacht. Dann wird die Narbe mit einem in Leinöl getauchten wollenen Lappen schnell überfahren und mit einem Glanz, welcher aus

1 Teil Blut und 1 Teil sehr starker Blauholzabkochung hergestellt ist, mittelst eines Schwammes gleichmäßig überstrichen.

Man kann den Glanz verstärken, indem man eine Kleinigkeit Kienöl zusetzt. Häufig wird diesem Glanz auch wasserlösliches Anilin beigegeben.

Nachdem der Glanz trocken ist, wird eine Hälfte nach der anderen, unmittelbar bevor sie zum Blankstoßen kommen, nochmals mit einem Leinöllappen abgerieben und zwar deshalb, damit die

Glasrolle den Glanzauftrag nicht herunterreißen kann. Nachdem das Leder gestoßen ist, kann man es noch einmal mit Leinöl stark abölen, es geschieht dies sowohl, um den Glanz zu erhöhen als den Ledern noch etwas mehr Fett zuzuführen.

Die fertig gestoßenen Leder werden mit trockenem Talg auf der Narbe eingerieben, dann mit einem wollenen Lappen gleichmäßig bearbeitet. Dieser Glanz widersteht der Feuchtigkeit.

a) Schwarz geschmiertes Blankleder

wird auf folgende Art bearbeitet:

Die aus der Gerbung kommenden Leder werden auf einige Zeit in lauwarmes Wasser eingelegt; sie könnten auch im Walkfaß mit warmem Wasser gewalkt werden, doch ist dies nicht zu empfehlen, weil dabei die Seiten und leichteren Teile zu sehr mitgenommen und lose werden müssen. Es ist vielmehr die folgende Bearbeitung zu empfehlen.

Aus dem warmen Wasser werden die Leder im Kern durch Krispeln, mit der Krispelmaschine oder in Ermangelung derselben mit dem Armholz, gut weich gemacht, wobei aber die Seiten und die weichen Partien der Leder geschont werden, durch das Krispeln erzielt man einen gleichmäßigen Stand des Leders. Nach dem Krispeln kommen die Leder wieder auf einen Tag in warmes Wasser und genügt dieses zur Entfernung der Säure.

Die starken Partien des Leders sind durch das Krispeln gut aufgelockert und weichen nun in dem Wasser vollkommen auf. Hierauf werden dieselben mit Bürste und Schlicker von beiden Seiten ausgewaschen, wobei zu beachten ist, daß Blankleder stets der Länge nach ausgearbeitet werden. Nach dem Auswaschen werden die Leder mit Tran oder Leinöl abgeölt und aufgehängt.

Nachdem die Leder mäßig abgewelkt sind, werden dieselben abgenommen, glatt zum gleichmäßigen Durchziehen auf Haufen gelegt, gut zugedeckt und so lange liegen gelassen, bis sich solche warm durchliegen, sozusagen anfangen zu dampfen.

Auf diese Weise wird das Leder zu einer besseren Aufnahme der Schmiere vorbereitet. Wenn das Leder warm geworden ist, wird es mit der Aasseite nach oben aufgeschichtet und meistens mit einem Gemisch von

1 Teil Tran und 1 Teil Kerntalg von der Aasseite geschmiert.

Das Fett ist so heiß aufzutragen, als es die Hand gerade vertragen kann, und zwar berechnet man an Fett 20—25% des

Gewichtes der abgewelkten Leder. Bei dem Fett ist darauf zu achten, daß dasselbe feinverteilt und verrührt ist.

Die so geschmierten Leder werden aufgehängt und bei ziemlich großer Hitze, bis 30° R, getrocknet, bis das Fett vollständig eingezogen ist. Nachdem die Leder trocken sind, ist es gut, dieselben einige Zeit im Fett lagern zu lassen, es ist dies das beste Mittel zur Verhütung eines späteren Ausschlagens des Fettes beim fertigen Leder. Hierauf werden die Leder durch warmes Wasser gezogen und vor- und nachgestoßen. Nach dem Nachstoßen werden dieselben nicht ganz getrocknet, sondern in die Presse gelegt und erst dann völlig aufgetrocknet, um schließlich zum Schwärzen zu gelangen.

Das Fetten kann jedoch auch noch auf andere Arten geschehen, nämlich durch Einbrennen, durch Walken im Schmierfaß etc. Das Fetten mit der Hand und das Fetten durch Einbrennen sind für Blankleder jedoch vorzuziehen.

Das Fetten im Walkfaß führt man deshalb seltener aus, weil dasselbe die weichen Partien der Leder zu sehr mitnimmt und das fertige Leder dann oft nicht fest genug ist.

Beim Einbrennen des Fettes ist aber ein Nachwalken zum besseren Verteilen des Fettes im Leder unbedingt nötig.

Für die Fabrikation feiner Sorten bleibt nur das Schmieren mit der Hand auf der Tafel anzuraten.

Das Schwärzen des Blankleders ist eine der wichtigsten Arbeiten, welcher man mehr Aufmerksamkeit schenken sollte, als dieses für gewöhnlich der Fall ist, da hierbei viel verdorben werden kann.

Unter den vielen Schwärzen bleibt die einfache essigsaure Eisenschwärze die beste, sobald dieselbe auf richtige Art und Weise hergestellt worden ist, und zu diesem Zwecke ist folgende Zubereitung sehr zu empfehlen:

In ein reines Gefäß legt man eine Schicht rein gewaschener, rostfreier Eisenstücke, darauf eine Schicht Lohe, hierauf wieder eine ebenso starke Schicht Eisenspäne, dann wieder eine 20 cm dicke Lage Eisenstücke, dann wieder grob gemahlene Lohe und darüber Eisenspäne und dies so weiter bis das Gefäß voll ist.

Hierauf wird nun saures Bier, Molkenwasser und etwas roher Holzessig gegossen.

Die Flüssigkeit darf nicht warm oder heiß gemacht werden. Nach einigem Stehen, es genügen schon 8—10 Tage, ist die Schwärze gebrauchsfähig. Die Schwärze muß stets rein und klar sein, auch ist dieselbe vor dem Gebrauch durch Filz oder Papier zu filtrieren.

Blauholz und Schwärze allein würden jedoch nicht ausreichen, um ein schönes Schwarz zu erzielen, es ist vielmehr notwendig, daß die Narbe mit einem fettlösenden Mittel vorher ausgerieben wird. Am häufigsten wird hierzu Soda- oder Salmiakgeistlösung verwendet, jedoch darf man hiervon nicht zuviel nehmen, weil sonst die Narbe leiden würde.

Es erfolgt nun zuerst das Grundieren mit Blauholzabsud, wobei die Narbe eine tiefrötlich blaue Farbe annimmt; dann erst wird, sobald das Blauholz eingezogen, die Schwärze aufgetragen.

Die Hauptsache ist, daß jeder Auftrag gut ins Leder eingerieben wird, und man hat besonders darauf zu achten, daß beim Schwärzen sich keine Unreinlichkeiten auf der Narbe vorfinden.

Zu empfehlen ist das Schwärzen auf zwei Tafeln, um der Narbe ohne Zeitverlust genügend Zeit zu lassen, die Flüssigkeit gut aufzunehmen.

Wenn man die Narbe vor dem Grundieren mit Blauholz entfettet hat, hat man den Vorteil, genau zu erkennen, ob die Blauholzlösung vollständig gegriffen hat, was dort, wo man mit Blauholz grundiert, dem man die Soda oder den Salmiakgeist direkt zugesetzt hat, und den beim Bürsten entstehenden Schaum stehen läßt und schließlich auch zugleich mit der Schwärze aufreibt, nicht möglich ist.

Hier bildet sich eine schwarze Seifen- etc. Schicht, welche die Narbe als geschwärzt erscheinen läßt, während dies oft nur in geringem Maße oder auch gar nicht der Fall ist. Beim späteren Reinigen der Narbe von dieser fettigen Schicht kommen die ungeschwärzten Stellen zum Vorschein, und beim Lagern wird so ungenügend geschwärztes Leder bald rot.

Das Entfetten der Narbe macht bei Ledern, welche eingebrannt wurden, weit größere Schwierigkeit, als bei jenen, welche mit weicherer Schmiere gefettet wurden, da das hierbei verwendete feste Fett dem Angreifen der Farbe großen Widerstand entgegensetzt.

Man muß daher in diesem Falle eine größere Menge der fettlösenden, außerdem noch fettaufsaugenden Stoffe, als Pfeifen- oder Walkererde etc., für das Entfetten der Narbe verwenden. Dies geschieht am besten in der Weise, daß man eine Lösung von kohlensaurem Ammoniak auf die Narbe bringt, dann etwas Pfeifenton oder Walkererde (gepulvert) aufstreut und hierauf die Narbe mit dieser Masse richtig ausreibt.

Gewöhnlich wird die Narbe nach dem Schwärzen mehr oder weniger gefettet, was durch bloßes Abtranen, aber auch durch warmen Talg geschehen kann. Soll den Ledern in der Festigkeit nachgeholfen werden, so werden dieselben nach dem Schwärzen getrocknet und dann mit heißem Talg eingebrannt. Dieses Fetten bewirkt, daß die Narbe beim Fertigglasen sehr glatt wird, und einen schönen matten Glanz behält, auf welchen leicht noch ein lebhafter Glanz aufgesetzt werden kann, der dann auch gut stehen bleibt.

Wenn die Leder nach dem Schwärzen vollkommen aufgetrocknet sind, empfiehlt es sich auch bei Blankleder, dieselben einige Zeit lagern zu lassen, ehe man sie fertig zurichtet. Durch das Lagern verteilt sich die Schmiere im Innern des Leders und verbindet sich auch inniger mit dem Fasergewebe, so daß dasselbe dann trockner erscheint und sich dies besonders nach dem Blanchieren in einer gleichmäßig gefärbten helleren Aasseite äußert.

Die weitere Zurichtung besteht noch darin, daß die getrockneten Leder blanchiert werden. Das wird aber nicht so weit durchgeführt, sondern es wird nur die Aasseite vom Aas befreit, also die Ader gespalten.

Vor dem Blanchieren feuchtet man die Leder gewöhnlich mit Seifenwasser an, denn dies bewirkt einen glatten Schnitt. Zu dem Seifenwasser eignet sich am besten Marseille- oder Olivenölseife.

Nach dem Blanchieren kann man noch der Aasseite, um diese recht glatt und glänzend zu machen, einen einfachen Auftrag von Tragant, Karagheenmoos oder Leinsamen geben. Man kann auch nochmals eine Seifenschmiere auftragen. Letztere aber nur dann, wenn die Leder nicht überfettet sind und fettige Seifenschmiere noch vertragen können.

Bei stark gefetteten und eingebrannten Ledern empfiehlt es sich, nur eines der drei ersten Mittel zu verwenden:

Gummitragant	wird gelöst:	5 g	auf 1 l	Wasser,
Karagheenmoos	„ „	40 g	„ 1 l	„
Leinsamen	„ „	50 g	„ 1 l	„

Will man noch Seife dazutun, so gibt man auf 100 Teile einer derartigen Lösung 1—2 Teile Seife in kleine Stückchen geschnitten und kocht diese auf. Man läßt unter Rühren abkühlen und setzt dieser Masse zum Schluß

5—10 Teile Helltran oder Leinöl hinzu.

Das Auftragen der Mischung geschieht gleich nach dem Blanchieren, wenn das Leder noch feucht ist.

Tragantlösung muß kalt, Karagheenmoos-, Leinsamen- und Seifenlösung müssen warm aufgetragen werden.

Hierauf werden die Leder aufgehängt, angetrocknet und dann gerollt oder geglast.

Nun folgt die Fertigzurichtung von der Narbe; dieselbe wird zuerst mit einem wollenen Lappen gut abgerieben und jeder Schmutz davon entfernt. Sind die vorausgegangenen Arbeiten alle richtig ausgeführt, namentlich das Schmieren, Trocknen und das Schwärzen und ist bei letzterem kein Schwärzeruß sitzen geblieben, so wird es nicht schwierig sein, die Narbe rein zu bringen. Sollte es trotzdem schwer gehen, so nimmt man zur Lösung des Schmutzes etwas Berberitzensaft. Die Anwendung ist sehr einfach; man begießt den Lappen mit dem Saft, überfährt die Narbe und reibt dann nach.

Eine reine Narbe ist bei Blankleder unbedingt notwendig, wenn diese einen schönen Glanz bekommen soll. Nach dem Ausreiben wird die Narbe mit dem Glasschlicker geglast oder auf der Maschine gerollt und hat das Leder meist schon hier einen schönen Naturglanz. Man kann aber auch andere Glänze aufsetzen.

Die Anforderungen der Abnehmer an Blankleder sind verschieden, indem Mattglanz, lebhafter Glanz und Hochglanz verlangt wird, und es sind für Blankleder speziell solche Glänze maßgebend, welche nicht schnell vergehen, namentlich der Feuchtigkeit standhalten, ferner nicht brechen oder kleben.

Am besten eignet sich zu matt der Fettglanz, zu dem lebhaften der Wachsglanz und zu dem Hochglanz der Schellackglanz.

Der Fettglanz besteht meistens aus Leinöl und festem Fett, wie bereits früher beschrieben.

Der Wachsglanz hat folgende Zusammensetzung:

2 Teile Talg, 1 Teil Carnaubawachs, 1 Teil Spermacet werden zusammengeschmolzen, dieser Masse 6 Teile Leinöl zugesetzt und so lange gerührt bis sie erstarrt ist. Man trägt den Glanz mittelst Lappen auf und verreibt ihn gut.

Bei stark gefetteten Ledern nimmt man etwas mehr Carnaubawachs, wodurch der Glanz noch steifer wird. Will man aber den Glanz weniger steif haben, so setzt man ½—1 Teil Terpentin zu.

In Ermangelung von Carnaubawachs kann man auch Bienenwachs zusetzen, welches jedoch teurer ist.

Als lebhafter oder greller Glanz ist der sogenannte Schellackglanz zu empfehlen:

120 g Rubinschellack, 1 l 90% Spiritus, 6 g Salmiakgeist

werden in eine verschließbare Flasche gefüllt, an einem warmen Ort einige Tage stehen gelassen und öfters aufgeschüttelt. Nachdem der Lack richtig gelöst ist, läßt man ihn ruhig absetzen, füllt das Klare in eine andere Flasche und setzt diesem noch

30 g reines Glyzerin zu.

Das Glyzerin muß hochgradig, mindestens 28%ig, sein. Der Glanz wird auf die gut abgeriebenen und geglasten Leder mit einem Schwamme flüchtig aber gleichmäßig aufgetragen.

Bei **wundgestrichenen oder narbenbeschädigten** Ledern wird die Narbe in der Zurichtung leicht abgebufft. Würde aber die abblanchierte Narbe ohne weiteres so stehen gelassen, so würde der Glanz auf dieser Stelle einsinken und letztere dadurch abfallen. Um dies zu verhindern, wird nach dem Abbuffen und vor dem Schwärzen eine Gummitragantlösung auf diese Stelle gebracht, tüchtig geglast, getrocknet und dann erst geschwärzt. Ist diese Arbeit sauber ausgeführt, so wird beim fertigen Leder nach dem Glänzen mit Schelllack nichts mehr zu sehen sein.

Ein weiterer Glanz, speziell für losere Leder, wird wie folgt hergestellt:

1 l 90% Spiritus und 130 g Schellack

werden in eine verschließbare Flasche gefüllt usw. wie vorhin beschrieben; wenn gelöst, werden 20 g Sandarak zugefügt, dann wie oben die klare Flüssigkeit abgefüllt, derselben 80 g venet. Terpentin zugesetzt und, wenn alles gelöst, der Glanz aufgetragen.

Schellack ist das Glanzmittel, Sandarak dient zur Verdickung des Glanzes, damit derselbe nicht so leicht einsinken kann und Terpentin dient wiederum zum Elastischmachen des sonst spröden Schellacks und Sandaraks.

Es ist gut, wenn man diesem Glanz etwas Nigrosin zusetzt und zwar 3 g pro 1 l Spiritus; dasselbe muß aber vorher gelöst und filtriert werden.

Dieser Glanz läßt sich, da er dicker ist, schon schwieriger auftragen ohne zu streifen, und es ist daher anzuraten, denselben mit Spiritus auf die Hälfte zu verdünnen und lieber zweimal zu glänzen.

b) Eingebrannte Blankleder.

Bei eingebrannten Ledern ist die Zurichtung genau dieselbe wie bereits besprochen: Das Leder wird ausgewaschen, abgeölt und gut getrocknet, hierauf von der Aasseite mit reinem, säurefreiem Talg eingebrannt, in kaltes Wasser gelegt, dann wieder vollkommen aufgeweicht, auf Haufen durchziehen gelassen und im Kern gut gekrispelt. Es wird dann von beiden Seiten gut gestoßen und halb trocken gemacht. Ist das Stoßen erfolglos, so kann man die Häute auch vorher einige Zeit im Walkfaß laufen lassen, und zwar trocken, wobei dieselben weicher werden. Nach dem Antrocknen werden sie nochmals gestoßen, dann aufgetrocknet, geglast und schließlich geglänzt. Für Mattglanz genügt auch ein bloßes kräftiges Ausreiben. Der Fleischseite gibt man vor dem Stoßen eine Appretur aus Karagheenmoos- bzw. Gummitragantabkochung.

Neben den weiter vorn angegebenen Appreturen sind noch folgende zu empfehlen, und zwar sowohl für braune als für schwarze Leder.

I.

1 Teil Gummitragant,
1 „ Stärke,
10 Teile Wasser.

II.

100 Teile Tragant,
100 „ Stearin,
60 „ Stärke,
1500 „ Wasser.

Tragant und Stärke in $1/2$ l Wasser gekocht, dann den Stearin zusetzen, zuletzt Wasser.

III.

1 Teil Stearin,
9 Teile Stärke,
10 „ Wasser.

Zum Glänzen empfiehlt sich der Schellackglanz.

Aasgeschwärztes Blankleder.

Außer den bereits angeführten Blankledersorten werden noch speziell für die Militäreffektenfabrikation Blankleder hergestellt, die entweder nur von der Aasseite schwarzblank oder auch von beiden Seiten schwarzblank sind.

Die Vorarbeiten dieser Leder sind dieselben wie oben beschrieben. Die vorgeschriebenen Stärken werden durch Spalten oder Ausfalzen erreicht.

Blankleder mit schwarzblanker Aasseite wird zunächst sauber blanchiert und getrocknet und dann mit folgender Schwärze auf der Fleischseite schwarz gemacht:

In 1 l starker Blauholzbrühe werden 30 g Eisenvitriol gelöst und etwas Salmiakgeist zugegossen, doch nur so viel, daß die Schwärze noch flüssig bleibt, also nicht zu gerinnen anfängt und flockig wird.

Die Schwärze muß gut in das Leder eingerieben werden. Auch zuviel Eisenvitriol darf man nicht geben, da sonst die Schwärze leicht bis auf die Narbe durchschlägt.

Nach dem Schwärzen werden die Leder getrocknet und zwar erst gelinde, dann scharf. Nach dem Trocknen erhalten dieselben einen ganz leichten Auftrag von Leinöl und hierauf einen Glanz, bestehend aus:

2 Teilen Blut und 1 Teil starker Blauholzbrühe der stark aufgetragen und auch vom Leder begierig aufgenommen wird. Man läßt den Glanz antrocknen und wiederholt den Auftrag noch einmal, aber nicht mehr so stark. Hierauf wird das Leder vollständig getrocknet und zwar wieder scharf.

Wenn es vollkommen trocken ist, wird das Leder von der Narbenseite mit einer ziemlich starken Oxalsäurelösung abgewaschen, zuvor aber muß die Narbe erst mit reinem Wasser angefeuchtet werden, da solche sonst rot werden würde. Nach dem Abwaschen mit Oxalsäure wird die Narbe, um ein Brechen zu verhindern, mit reinem Wasser abgewaschen.

Nach dieser Arbeit wird das Leder mit einer glatten Rolle auf der Narbe gewalzt, um alle Unebenheiten, wie Sätze usw. zu entfernen, dann getrocknet, event. nachgewalzt und schließlich vollständig aufgetrocknet. Die Trocknung muß eine möglichst vollkommene sein, da die Aasseite auf Glanz gestoßen wird. Würde das Leder noch Feuchtigkeit enthalten, so wäre ein Stoßen nicht möglich, weil das Leder unter dem Drucke verbrennen und der

Glanz sich abschieben würde. Bevor gestoßen wird, wischt man mit einem Leinöllappen über die Stoßseite, damit das Glas besser gleiten kann.

Hiermit ist die Zurichtung beendet, es wird nur noch mit einem wollenen Lappen der Staub abgewischt.

Die Herstellung **des auf beiden Seiten schwarzen Blankleders** ist dieselbe, nur daß eben auch die Narbe vorher geschwärzt wurde.

Farbiges Blankleder.

Angebräunte und farbige Blankleder erhalten in der Zurichtung dieselben Vorarbeiten, und auch hier muß auf ein gründliches Auswaschen- und Sumachieren peinlichste Sorgfalt verwendet werden.

Nachdem die Häute gestoßen sind, werden sie, ehe sie zum Färben kommen, mit reinem warmen Wasser aufgebürstet, damit die Farbe leichter und gleichmäßiger eindringen kann. Hauptsache für ein gutes Gelingen des Färbens ist ein vollständig säurefreies Leder, speziell für solche Töne, welche mit Eisen grundiert werden.

Am häufigsten werden **orangefarbige** Blankleder verlangt, und man benötigt zu dieser Farbe

2—5 g feinstes Phosphin zu 1 l Flotte

und zwar hängt die Farbenmenge von dem tieferen oder helleren Ton, den die Ausfärbung haben soll, ab.

Hartes Brunnenwasser ist nicht zum Färben zu gebrauchen, reines Kodenswasser oder reines Regenwasser sind am geeignetsten. Die Temperatur des Wassers beim Auflösen der Farbe soll 60—70° R betragen, gekocht darf die Farbe nicht werden.

Soll der Ton ins rötliche gehen, so kann man etwas Rot beimengen, oder auch Bismarckbraun; soll dieselbe jedoch ins gelbliche überneigen, so setzt man irgend ein Gelb (Auramin, Philadelphiagelb usw.) zu.

Die zweite gangbarste Farbe ist **Londoncouleur** resp. Londonbraun. So gefärbtes Leder findet sehr viel Verwendung für Reitzeug, allerhand Riemen, Plaidriemen etc.; die Nuancen in dieser Farbe sind sehr verschieden, von der blassesten bis zur lebhaftesten.

Das richtige Londoncouleur resp. -braun wird aus

½ g Englischgelb auf 1 l Wasser

hergestellt; man kann jedoch für sehr lebhafte Töne dasselbe bis auf 5 g pro Liter steigern.

Als dritte Farbe kommt das sogenannte **Militärbraun** in Betracht. Man muß sich bei dieser Farbe genau nach dem Muster des Militärbekleidungsamtes richten, da jedes beinahe eine andere Ausfärbung erfordert. Ein gangbares Militärbraun wird hergestellt aus:

5 g Xanthin G., und 5 g Xanthin, G. G. O.

auf 3 l Wasser. Mit diesen zwei Farbstoffen kann man durch mehr oder weniger große Mengen der einen oder anderen sich nach Belieben eine mehr rötliche oder gelbliche Nuance schaffen.

Das sogenannte Militärbraun-Blankleder nach Vorschrift mit Holzfarben gefärbt, ist nichts weiter als eine Färbung von Gelb- und Blauholz. Ein genaues Rezept läßt sich hier nicht geben, weil dabei die Grundfarbe des Leders eine große Rolle spielt. Einige bewährte Kompositionen für Militärbraun sind:

I.

70	Teile	Fisetholz	zusammen gekocht und filtriert.
4	„	Rotholz	
12	„	Kampescheholz	

Vorher ist mit Alaunlösung zu beizen.

II.

100	Teile	Fisetholz	zusammen gekocht und filtriert.
15	„	Rotholz	
2	„	Kampescheholz	

Auch hier ist vorher mit Alaunlösung zu beizen.

Den Ton findet man durch mehr oder weniger Wasserzusatz heraus.

Bei gefetteten Ledern muß man etwas Soda zusetzen, wodurch aber, was von vornherein zu beachten ist, der Ton stets etwas bräunlicher wird.

Damit die Farbe besser hält, bekommen die Leder nach dem Färben einen Auftrag einer schwachen Weinsteinlösung. Ausfärbungen mit Holzfarben verlangen noch einen Stoßglanz, welcher bei Anilinfarben nicht zu empfehlen ist, da dort die Töne sonst nicht rein bleiben.

Eine sehr gangbare und beliebte Farbe für Blankleder ist ferner **Schokoladenbraun.** Dasselbe wird hergestellt aus Bismarckbraun und Vesuvin, und zwar Vesuvin R. für Rötlichbraun, Vesuvin G. für Gelbbraun. Es kann aber auch irgend ein anderes Gelb genommen werden, im Verhältnis von zwei Teilen Gelb zu einem Teil Braun.

Es werden 5 g Farbe auf 1 l Wasser gelöst und eine Grundierung mit einer Lösung von 40—60 ccm holzessigsaurem Eisen von 14° Bé im Wasser auf je 1 l Farbe gegeben.

Will man das Eisen direkt der Farbe beimischen, so darf dieselbe nicht zu warm gehalten sein, da sonst das Eisen die Farbe trübe macht.

Bei der Herstellung aller hier erwähnten Farbennuancen sind folgende Regeln zu beachten: Die Anilinfarbe löst man in ca. 60° R warmem Wasser (weichem) vollständig auf und filtriert die Lösung durch ein doppelt gelegtes Mousselintuch. Man nimmt nun das zu färbende Leder auf den Tisch und reibt es mit heißem Wasser schwach aus, hierauf wird die Bürste in die Farblösung eingetaucht, dann etwas abgespritzt und nun schnell und gleichmäßig die Fläche damit überfahren. Es ist besser, die Bürste nicht zu voll zu nehmen und öfters aufzutragen, als eine große Menge Farbe auf eine Stelle zu bringen. Gewöhnlich wird die Farbe dreimal aufgetragen.

Nachdem wird mit einem reinen Flanellappen eventueller Satz rein abgewischt, mit Leinöl leicht überfahren und das Leder zum Trocknen an Stangen angenagelt aufgehängt.

Vorteilhaft ist es, wenn man einen großen Stoß von mindestens 10—20 Hälften auf der Tafel übereinander schichtet, die Narbe nach oben. Damit aber die zunächst darunterliegende Hälfte durch das Färben der Ränder nicht schmutzig wird, legt man ringsherum reines Papier, welches die Farbe aufsaugt. Dieses Papier wird nach dem Ausfärben der obersten Hälfte stets unter die folgende Hälfte gesteckt. Die Leder müssen ferner derart zum Färben vorbereitet sein, daß die Farbe ohne übermäßiges Reiben ins Leder eindringen kann, sonst ist ein gleichmäßiger Ton schwer zu erzielen.

Ist das Leder vollkommen trocken, so wird noch ein- resp. zweimal nachgefärbt, bis man den gewünschten Ton erhält. Bei diesem Nachfärben wird die Lösung um die Hälfte verdünnt. Ist das Leder mit Eisengrund versehen worden, so wird zum Nachfärben kein Eisen mehr genommen, es müßte denn sein, daß der Ton der Farbe noch nicht tief genug ist. Nach dem Nachfärben werden die Leder leicht gewalzt oder mit einer glatten Rolle gerollt, um den Rest von grober Narbe, ferner leichte Sätze oder Bürstenstriche zu entfernen. Wo keine Maschine vorhanden, wird mit dem Handglas vorsichtig nachgeholt, ohne dabei die Narbe aufzustreichen.

Jetzt werden die Leder einen Tag gepreßt, dann zum völligen Austrocknen aufgehängt und auf die bekannte Art der Naturglanz herausgebürstet.

Für Marineausrüstung wird von beiden Seiten **naturblankes Leder** verlangt. Dieses erreicht man in der Zurichtung dadurch, daß die Aasseite nicht weiß aufgerieben zu werden braucht. Nachdem das Leder wie gewöhnlich fertig gestoßen ist, wird es von der Aasseite sauber blanchiert, geglast, aufgehängt und getrocknet. Nach dem Trocknen wird die Aasseite mit Gummitragantlösung von breiiger Konsistenz ausgerieben und wieder gut getrocknet, und dann das Leder mit der Stoßmaschine blank gestoßen, worauf es eine sehr schöne hellbraune Farbe bekommt.

Braunes Zeugleder.

Wirklich feine Ware kann nur durch sachgemäße Gerbung mittelst helle Farbe gebender Gerbstoffe erzielt werden und gutes Gewicht nur durch satte Gerbung.

Aus der Grube werden die ganzen Leder in zwei Hälften getrennt und erhalten dann noch auf 8 Tage eine sogenannte Lösefarbe. Hieraus werden sie abgespült und ausgewaschen. Das Auswaschen muß gründlich geschehen und dürfen keine Gruben in den Narben zurückbleiben, weshalb sowohl Aas- als auch Narbenseite mit dem Stein bearbeitet werden. Nach dem Auswaschen werden die Leder zum Abwelken aufgehängt, worauf sie, wenn sie genügend angetrocknet sind, schwach geschmiert werden, und zwar die Narbenseite mit Leinöl, die Aasseite mit Tran und Talg. Beim nun erfolgenden Trocknen dürfen die Hälften mit der Narbenseite die fettige Fleischseite nicht berühren, die Stangen, auf die die geschmierten Häute genagelt und damit aufgehängt werden, müssen weit genug voneinander entfernt liegen. Ferner hängt man stets je zwei Hälften mit der Fleischseite nach innen auf.

Vollständig trocken werden die Leder durch reine Lohbrühe oder durch Wasser gezogen, einige Zeit liegen gelassen und blanchiert, dann wird die Narbenseite des noch feuchten Leders mit dem Messigschlicker gründlich gestoßen, bis die letzten Unebenheiten verschwunden sind. Durch das vorherige Blanchieren wird letztere Arbeit sehr erleichtert, denn der glatte Untergrund gestattet ein vollständiges Glattstoßen der Narbe. Nach dem Stoßen reibt man die Narbe mit süßer Milch, die im Verhältnis von 1 : 5 mit Wasser verdünnt und der etwas Zuckerlösung zugesetzt ist, gründlich aus und hängt die Leder zum Fertigtrocknen auf. Die Leder müssen vorsichtig getrocknet werden, d. h. eben ganz langsam. Dagegen ist es gut, sie bei heißer Temperatur im Sommer, wenn dieselben sehr schnell trocknen, häufiger abzunehmen und zu pressen. Vor dem vollständigen Austrocknen müssen sie dann stark gepreßt werden.

Ehe die Häute dann gänzlich aufgetrocknet werden, werden sie erst auf beiden Seiten mit der Maschine gestoßen, dann wieder aufgehängt, von der Narbe nochmals nachgestoßen und nach vollständiger Trocknung wieder in die Presse gelegt, womit die Zurichtung beendet ist.

Anstatt des Glanzstoßens kann das Leder auch in noch feuchtem Zustande, gleich nach dem zweiten Nachstoßen mit Glanzschmiere leicht überstrichen, in fast trockenem Zustande glasiert und, wenn völlig trocken, mit einem wollenen Lappen abgerieben werden.

Die Glanzschmiere wird aus 6 Teilen Leinöl, 3 Teilen Wachs und 1 Teil Talg bereitet.

Braunes Militär-Zeugleder.

Für zu Militärzwecken bestimmte Zeugleder muß schon bei der Rohware das geeignete Material ausgewählt werden. Es werden hierzu ziemlich große, gleichmäßig gestellte, nicht zu starke, langgestreckte Kuhhäute im Grüngewicht von 30—40 kg gewählt. Die Wasser- und Äscherarbeiten weichen nicht von der bereits beschriebenen Arbeitsweise ab, dagegen ist eine Gerbung aus „vorwiegend“ Eiche vorgeschrieben. Man wird deshalb vorteilhaft zur Gerbung solcher Armeelieferungen bestimmter Häute Eichenlohe, Eichenholzextrakt, Fichtenlohe und Catechu verwenden. Die Gerbung soll keine Brühegerbung sein, man führt sie vielmehr in 4—6

Farben, 1—2 Versenken und 1—2 Sätzen durch, je nach Gewicht bezw. Stärke der Häute.

Die Zurichtung wird wie nachstehend beschrieben ausgeführt: Aus der Grube wird zunächst halbiert, ca. 15 Minuten mit kaltem Wasser gewalkt, dann abgepreßt. Hierauf werden die Leder auf der Narbe auf dem Tische mit einem mit hellem Tran getränkten Tuch abgeölt, abgelüftet, auf der Aasseite mit dickem Fett leicht geschmiert und dann zum Trocknen aufgehängt. Die Aasschmiere besteht aus ½ Talg und ½ Tran.

Die getrockneten Leder werden dann durch lauwarmes Wasser gezogen (dürfen aber nicht zu naß werden) und schließlich mit dem Falz leicht abgedeckt oder blanchiert.

Die blanchierten oder gefalzten Leder werden nun ca. 15 Minuten in kaltem Wasser gewalkt, dann tüchtig ausgewaschen, und zwar mit heißem Wasser von 30—36° R. Die ausgewaschenen Leder erhalten jetzt ein Sumachbad.

Auf 25 Leder rechnet man 30 kg feingemahlenen Sumach und ca. 600 Liter Wasser.

Der Sumach wird gekocht, die Brühe auf 40—45° R erkalten gelassen, dann die Leder einzeln durchgezogen und — nachdem die Temperatur auf ca. 35° R zurückgegangen ist — schließlich auf 12—18 Stunden ganz hineingelegt. In den ersten Stunden werden dieselben einigemale aufgenommen, damit keine Fleckenbildung entstehen kann. Die sumachierten Leder werden dann auf der Tafel von der Fleischseite zur Entfernung des anhaftenden Sumachs ausgestrichen, von beiden Seiten mit hellem Tran oder Leinöl überrieben und über Stangen aufgehängt.

Ist das Öl eingezogen und die Leder soweit abgewelkt, daß sie Stand haben, so werden sie heruntergenommen, die zu trockenen Stellen mit Wasser oder besser noch mit klarer Sumachbrühe angefeuchtet, und die Aasseite mit einem Appreturauftrag, bestehend aus Karagheenmoosabkochung mit Talkum verrührt, bestrichen, worauf gleich die Narbe gestoßen wird. Nach dem Stoßen wird dieselbe mit einem Lappen von allem anhängenden Schmutz befreit und die Leder zum Trocknen aufgehängt.

In halbtrockenem Zustande wird die Aasseite leicht mit Wasser aufgebürstet, und die Haut von der Narbe flach auf die Tafel festgestoßen. Nun werden die Leder mit Bürste und etwas Wasser auf der Narbe gleichmäßig aufgerieben, wobei wohl zu beachten ist, daß dieselbe überall getroffen wird, da sonst dunkle Stellen entstehen könnten. Die Leder werden dann zum völligen Austrocknen wieder aufgehängt.

Im trockenen Zustande wird die Narbe mit einem dünnen Milchlüster, Milch und Wasser im Verhältnis von 1 : 10, ganz leicht überstrichen und dann auf der Maschine oder mit der Hand gebürstet, getrocknet und schließlich gerollt oder geglast.

Vielfach werden braune Militärzeug- oder Zaumleder auch leicht gefärbt, um einen gleichmäßigeren Farbenton zu erzielen. Die Häute erhalten einen leichten Anstrich einer Phosphinlösung, oder sonst eine ähnliche Farbe. Als solche empfiehlt sich eine Komposition von 10 l Wasser, 10 g Saffian, 10 g Phosphin und 250 g gebräuntem Farinazucker. Die noch feuchten Leder überstreicht man dann mit einem Fettlüster, welcher zusammengesetzt ist aus: 1 Teil gelbem Wachs, 1 Teil Walrat, 4 Teilen weichem Talg oder Vaselin.

Die unter Erhitzen gemischten Bestandteile werden bis zum Erkalten gerührt und die Appretur im kalten Zustande mit einem leinenen Lappen dünn, aber gleichmäßig aufgetragen, dann die Häute auf Stangen genagelt zum Trocknen; nach dem Trocknen werden sie gebürstet, gerollt oder geglast.

Zaumleder.

Eine dem braunen Geschirrleder oder Naturblankleder fast identische Ledersorte ist das Zaumleder, welches sich von ersterem hauptsächlich nur dadurch unterscheidet, daß es bei der Zurichtung bedeutend weniger gefettet wird. Es ist gewissermaßen eine leichte Blankledersorte.

Wasser- und Äscherarbeiten sowie die Gerbung werden denn auch genau so durchgeführt wie bei Blankleder.

Die Zurichtung der Zaumleder, die man auch häufig für die Zurichtung von Bäuchen und Hälsen anwendet, ist folgende: Die Leder, welche entweder bereits gespalten sind oder gut ausgefleischt wurden, werden in feuchtem Zustande mit Stein und Schlicker auf der Tafel kräftig ausgesetzt, wonach sie soweit angetrocknet werden, um sie gleichmäßig ausfalzen zu können.

Dieses Aussetzen der Leder ist aber durchaus noch nicht als Auswaschoperation anzusehen, sondern hat nur den Zweck, die

Haut für das nachfolgende Egalfalzen vorzubereiten; das eigentliche Auswaschen erfolgt erst jetzt nach dem Egalisieren.

Die Leder werden hierzu in Wasser von 30° R gelegt, welchem etwas klare Brühe zugesetzt ist, damit sie nicht fleckig werden, sie bleiben darin zunächst 12 Stunden; das Wasser wird nach dieser Zeit in eben derselben Art erneuert und auf dieselbe Temperatur angewärmt. Die Leder bleiben auch 12 Stunden in dem zweiten Wasser. In diesen beiden Bädern sollen die Häute stets vollständig in der Flüssigkeit liegen und sich nicht zu sehr drücken.

Das gründliche Auswässern der Leder ist hier darum sehr notwendig, weil die Zaumleder eine sehr helle Naturfarbe, auch wenn sie später gefärbt werden sollen, haben müssen und weil sie ferner trotz sehr geringer Fettung nicht spröde und narbenbrüchig sein dürfen, auch hilft das längere Weichen der Leder in warmem Wasser sehr viel dazu, die Leder aus der Faser gründlich zu erweichen, damit sie sich besser strecken, wodurch sie wieder beim Stoßen etc. besser flach gelegt werden können.

Nach dem Wässern werden die Leder auf der Fleischseite gut ausgeschlickert und aufgebürstet, dann wieder in warmes Wasser, und zwar diesmal in solches von 40° R gebracht. Hieraus erfolgt dann die Reinigung der Narbe mit dem Stein und der Bürste, dem ein abermaliges Einlegen der Leder in warmes Wasser und endlich ein Aussetzen der Narbe mit dem Messingschlicker folgt.

Alle diese Reinigungsarbeiten müssen, obschon selbige noch nicht als endgültig anzusehen sind, mit großer Akkuratesse ausgeführt werden, da ein wichtiger Faktor für die Qualität des Produktes, nämlich die Farbe sehr davon abhängt, wie diese Arbeit ausgeführt wird.

Es erfolgt nun nach diesen Reinigungsarbeiten das Bleichen und Nachgerben der Häute in Sumach, und auch dabei wird nur dann ein vollkommener Erfolg erreicht, wenn aus dem Leder jede Spur von anderem freien Gerb- und Farbstoff entfernt und die Narbe so gründlich erweicht ist, daß der Sumach seine Wirkung ausüben kann. Das Abfärben in Sumach wird hier genau so ausgeführt, wie es beim Naturblankleder beschrieben ist. Hierbei kann man mit der Temperatur der Sumachbrühe soweit gehen, als es nur immer das Leder verträgt; sattgegerbtes Leder verträgt höhere Temperatur, als weniger gut gegerbtes.

Die Häute bleiben zwei Tage und Nächte im Sumachbad, während welcher Zeit sie öfter aufgeschlagen werden. Beim Herausnehmen aus der Sumachfarbe werden die Leder auf die schiefen Tafeln flach aufgelegt und bleiben da einige Stunden auf Haufen liegen, damit die Brühe gut abrinnt. In die bereits einmal gebrauchte Sumachbrühe kommen frische Leder direkt nach dem Auswaschen, nachdem man dieselbe auf 45° erwärmt hat. Für das Aufhellen der Naturblankleder genügt eigentlich schon diese einmal gebrauchte Brühe, und man kann, wenn auch Zaumleder gearbeitet wird, dieses in dem frischen Sumach, das Blankleder aber im gebrauchten abfärben. Mit den ausgebrauchten Sumachbrühen ist, trotzdem sie noch beträchtliche Mengen von Gerbstoff enthalten, nicht mehr viel anzufangen, da das Arbeiten mit alter Sumachbrühe eine gefährliche Sache ist, sie kann mehr Schaden als Nutzen verursachen.

Nach zweitägiger Behandlung im Sumachbad werden die Leder, ohne sie nochmals in Wasser zu waschen, von der Fleisch- und Narbenseite abgeschlickert, um sie von dem anhaftenden Sumach zu reinigen, dann etwas abwelken gelassen und auf der Tafel mit dem Messingschlicker in die Façon gestoßen.

Man vermeidet es, die Narbe jetzt mit dem Stein zu bearbeiten. Nach diesem Stoßen wird die Narbe mit einer sehr dünnen Schicht von Talg eingerieben, dann die Haut umgewendet, mit einem Schlicker leicht ausgesetzt und geschmiert.

Die Schmiere wird gleichfalls aus Talg und Tran kombiniert, doch erhält sie mehr Talg. Das Mischungsverhältnis zwischen Tran und Talg hängt von der Beschaffenheit des letzteren ab, es wird demselben nur so viel Tran zugesetzt, als notwendig ist, um die Schmiere noch gut auftragen zu können, selbstverständlich wird hier nur eine sehr geringe Menge Schmiere gegeben. Wenn die Häute, nachdem man sie aufgehängt, halb trocken geworden, werden sie leicht nachgeholt und dann vollständig getrocknet.

Die weitere Zurichtung der Naturzaumleder besteht in einem eventuellen Degrassieren der Fleischseite und dem Glänzen dieser sowie der Narbenseite. Die erstere wird ebenso wie das Naturblankleder mit Karagheenabkochung angestrichen, die Narbe entweder geglast oder mit dem Tuchschlicker gerieben, oder auch direkt mit der Maschine gerollt.

Beim Glasen des Zaumleders ist die Vorsicht zu gebrauchen, daß man dasselbe nicht auf der harten Tafel vornimmt, da sich hierbei leicht Streifen und die Ansatzstellen vom Glasschlicker markieren, sondern man gibt bei dieser Operation den Ledern eine weiche elastische Unterlage.

Weiterer Glanz für Zeug- und Zaumleder.

1 Teil Soda wird in 10 Teilen kochendem Wasser gelöst, der Lösung 8 Teile Stearin zugesetzt und das Ganze kochen gelassen, bis die Mischung nicht mehr milchig erscheint. Dann läßt man auf 20° R erkalten und gießt so lange Wasser nach unter stetem Rühren, bis das Ganze schneeig erscheint.

Zum Glänzen wird dieser Schnee mit Wasser so weit verdünnt, bis auf 1 Teil Stearin 100 Teile Wasser kommen.

Der Glanz wird mit der Bürste gleichmäßig auf die Narbenseite aufgetragen. Nachdem er getrocknet, erscheint derselbe als eine äußerst zarte, gleichmäßige, helle Decke. Nun wird die Narbenseite mit einem Flanellappen auf dem Tisch tüchtig bearbeitet, wodurch der Glanz erst richtig zutage tritt, und zwar hängt die Intensität desselben von dem Grade der Verdünnung mit Wasser ab. Je weniger Wasser, desto stärker der Glanz.

Für gefärbte Leder setzt man dem Stearinbrei die mit Wasser verdünnte Farblösung zu, wodurch das Leder außerdem noch satter gefärbt erscheint, auch kann dadurch etwaigen Mängeln in der Farbennuancierung noch etwas nachgeholfen werden.

Rindvachetten.

Nach den bereits beschriebenen Hauptoberledersorten sind es noch einige, die wohl zur Gruppe Oberleder gerechnet werden, die aber auch anderen Zwecken dienen. Zu diesen gehört in erster Linie das Rindvachetteleder, das sowohl zur Fabrikation besserer Schuhwaren, als auch zur Herstellung von Koffern, Taschen und sonstigen Sattlerwaren verwendet wird. Es wird sowohl farbig als auch schwarz fabriziert, zu Koffer- und Industriezwecken, aber hauptsächlich braun in den verschiedensten Nuancen.

Im allgemeinen weicht die Herstellung nicht wesentlich von derjenigen des Fahlleders ab, da dieses Leder ja streng genommen nichts anderes ist, als ein Narbenrindleder, d. i. ein Rindoberleder, das auf Narben gearbeitet ist. Das geeignetste Rohmaterial dazu ist denn auch die Kuhhaut, und zwar eine möglichst gut gestellte, ausgedehnte Haut. Sie kann flach, ja sie soll sogar so groß wie möglich sein, aber dennoch nicht abfällig. Kräftige Häute eignen sich naturgemäß auch, doch müssen solche durch Spalten auf die gewünschte Dicke gebracht werden, die je nach dem Verwendungszwecke zwischen 1 und 2 mm schwankt. Die

Wasser- und Äscherarbeiten

werden genau so durchgeführt wie bei Fahl- bezw. Rindoberleder, Hauptsache ist auch hier möglichste Schonung der Blöße, sowohl in der Anwendung der Äscher etc. als der mechanischen Bearbeitung. Narbenbeschädigungen müssen peinlichst vermieden werden, denn jeder Fehler in dieser Beziehung markiert sich am fertigen Fabrikat. Das Enthaaren findet im Walkfasse statt, und zwar benutzt man zur gründlichen Haarlockerung im ersten Äscher Schwefelnatrium. Um ein Brechen der Narbe zu vermeiden, aber trotzdem genügende Weichheit und Elastizität zu erzielen, ist die vorsichtige Anwendung einer Beize erforderlich und zwar am besten der Taubenkotbeize. Auch die

Reinmacharbeiten

sind mit größter Vorsicht auszuführen, damit eine Verletzung der Narbe ausgeschlossen ist. Man bedient sich in etwas ausgedehnterem Maße des Walkfasses, als dies bei den gewöhnlichen Rindoberledersorten als rationell betont wurde.

Die Gerbung.

Analog der Bestimmung des Vachetteleders muß auch schon das Gerbeverfahren eingerichtet sein. Schuhvachetteleder gerbt man genau nach den Prinzipien der reinen Oberlederherstellung, während die für die Koffer- und Taschenfabrikation bestimmten Vachetten etwas mehr Stand besitzen sollen, also eine mehr der feinen Zaumleder sich nähernde Gerbung erhalten. Allerdings ist eine entsprechende Scheidung im praktischen Betrieb nicht immer durchzuführen, da man die Häute oft erst später, nach vollendeter Gerbung sortiert.

Die Gerbung kann sowohl nach dem älteren gemischten System, d. h. erst in einem Farbengange und dann im Versenk bezw. Satz durchgeführt werden, als auch nach dem reinen Brühengerbverfahren. Ersteres liefert durchschnittlich ein mehr Stand zeigendes Leder, während bei reiner Brühengerbung in der Regel ein weicheres Fabrikat resultiert. Der Gerber hat sich natürlich hier auch den örtlichen Verhältnissen anzupassen.

Eine satte Durchgerbung ist aber Bedingung, denn nur ein solches Leder ergibt eine gleichmäßige hohe Narbung. Es ist geradezu kläglich, was man, besonders in „billig“ verkaufenden Warenhäusern, oft in dieser Beziehung für minderwertige Produkte sieht. Die platte, gedrückte Longgrainnarbe, das ganze hungrige Aussehen der Koffer und Taschen verrät deutlich die absolut mangelhafte Durchgerbung des dazu verwendeten Leders. Daß solches denn auch steif und hart wie Holz ist und bald brechen muß, liegt klar auf der Hand. Diese gerade bei Vachetten für die Koffer- und Reise- etc. Taschenfabrikation verlangte Steifheit des Leders braucht noch lange nicht durch ungenügende Durchgerbung erzielt zu werden. Bei geschickter Führung des Gerbeprozesses kann das Leder sehr wohl den gewünschten Stand besitzen, aber trotzdem vollkommen durchgegerbt sein. Geeignete Gerbstoffe für solche Leder sind Fichte, Quebracho in Verbindung mit Eiche, auch Myrobalanen und eine Nachgerbung mit Catechu. Der Sumach besonders für farbige Sachen. Bei gemischtem Gerbsystem verwendet man die Materialien direkt, bei der Brühengerbung die daraus am besten selbst hergestellten Extrakte. Alles andere ergibt sich aus dem bei den entsprechenden Kapiteln weiter vorn Gesagten.

Zurichtung.

Die aus der Gerbung kommenden Häute werden zunächst gründlich im Walkfasse bei zu- und ablaufendem lauwarmen Wasser ausgewaschen, dann im Sumachbad nachgegerbt bezw. aufgehellt. Bei zu dunkleren Tönen bestimmten Vachetten und bei billigeren Fabrikaten genügt auch das Einlegen und nachherige Walken in mit Schwefelsäure angesäuertem Wasser. Es wird auch dabei eine vollkommen genügende Aufhellung erreicht. Die Häute müssen aber in klarem Wasser gut nachgespült werden. Dann legt man sie in die Presse, ölt die Narbenseite gut mit Helltran ab und hängt sie auf zum Abwalken. Dann werden sie auf Haufen gelegt zum Durchziehen, am nächsten Morgen die noch zu trockenen Stellen leicht mit klarer Sumachbrühe angefeuchtet und die Häute ganz schwach mit einer Komposition aus $1/2$ Tran, $1/4$ Degras und $1/4$ Talg geschmiert. Leder zu ganz hellen Tönen werden besser bloß mit Tran leicht gefettet. Das Fett wird entweder im Walkfasse eingewalkt oder — was bei zu färbenden Ledern vorzuziehen ist — die Häute sofort nach dem Schmieren aufgehängt zum Einziehen des Fettes und zum Trocknen. In diesem Falle sind die Häute vor dem Schmieren auf der Tafel mit dem Messingreck auf der Fleischseite zu stoßen.

Nach dem Einwalken des Fettes nimmt man die Häute auf die Tafel, stößt von der Narben- und Fleischseite, hängt auf zum Trocknen, stößt im halbtrockenen Zustande nach und trocknet schließlich ganz auf.

Sofern nun eine Aussortierung der Häute für die einzelnen Spezialzwecke noch nicht stattgefunden hat, hat diese jetzt zu geschehen. Maßgebend ist dabei sowohl die Dicke der Häute, deren Farbe, Stellung, Narbenbeschaffenheit etc. Die Egalisierung wird, wenn nötig, mit dem Falz vorgenommen, und zwar entweder mit der Hand oder mit der Maschine. Die Häute werden dazu in reinem Wasser eingeweicht und in "dumpfem" Zustande bearbeitet.

Die gleichmäßig hellsten Häute werden zu naturfarbenen Vachetten weiter zugerichtet, dunklere zu hellbraunen Tönen bestimmt, weniger farbenreine zu schwarz oder dunkelbraunen etc. Farben reserviert. Ferner sind die dünneren zu Schuhzwecken, die dickeren zu Koffern, Taschen, Wagensitzen etc., zu sortieren, je nachdem eben die Häute den für die einzelnen Zwecke vorgeschriebenen Stärken entsprechen. Jetzt ist auch der Zeitpunkt, wo die Häute in Hälften zu trennen sind — falls sie in Hälften verlangt werden — und ihnen der Juchtengeruch, sofern dieser gewünscht wird, zu geben ist, indem man nämlich anstatt des Helltrans beim Einfetten Birkenteeröl nimmt.

Naturfarbene Vachetten

werden nur von der Fleischseite mit einer Appretur aus Karagheenmoos-, oder Leinsamen-, oder Gummitragantabkochung mit etwas Stärke und Talkum, ev. auch etwas gelbem Farbstoff gemischt, aufgebürstet, von der Narbenseite gut gestoßen und schließlich aufgehängt zum Trocknen. Halbtrocken nimmt man sie ab, bürstet mit einer halbsteifen Bürste die Fleischseite wieder auf und streicht mit dem Messingrecker sorgfältig nach. Die Häute werden dann getrocknet, auf Haufen einige Wochen liegen gelassen und nunmehr mit Longgraindessin chagriniert, nachdem sie durch Durchziehen durch Wasser genügend angefeuchtet worden sind. Ist das Wasser aber nicht ganz bestimmt frei von jeder fremden Substanz, sei diese nun gelöst oder suspendiert, so feuchtet man lieber die Häute mit frischer Sumachbrühe oder destilliertem, d. h. gekochtem Wasser an. Das Chagrinieren muß mit größter Vorsicht geschehen, um jeden Flecken auf dem empfindlich hellen Leder zu vermeiden. Vor allem muß die Maschine sehr vorsichtig eingeölt werden, damit keine Öltropfen auf das Leder gelangen. Die Walzen sind auch in Sodawasser peinlichst sauber auszukochen. Nach dem Chagrinieren sind die Häute wieder aufzutrocknen, dann in 2 Quartiere unter sich zu ziehen, 2—4, je nach dem Festigkeitsgrade, aufzukrausen und schließlich mit einem sauberen weichen Lappen oder noch besser einer solchen Bürste auf der Narbe gut auszureiben.

Häufig trägt man auch auf die Narbe einen Glanz auf, bestehend aus reiner, filtrierter Leinsamen- oder Karagheenmoosabkochung, in der etwas Zucker aufgelöst ist.

Braune Vachetten.

Die gangbarste Farbe für Vachetten ist braun in den verschiedensten Abstufungen im Ton. Die Bearbeitung ist genau dieselbe, wie vorher beschrieben. Nach dem vollständigen Auftrocknen werden die Häute gefärbt, und zwar in der bekannten Weise mit Anilinfarbstoff, dann aufgetrocknet. Später wieder etwas angefeuchtet und die Narbe auf der Chagriniermaschine aufgepreßt. Man trocknet nun vollständig auf, schleift die Fleischseite auf der Schleifmaschine oder schlichtet sie leicht über, bürstet gründlich allen Staub heraus, zieht 2 Quartiere unter sich, kraust 2—4 Quartiere auf und glänzt die Narbenseite mit einem Glanze aus Wachs. Dann hängt man die Häute auf zum Trocknen und überbürstet sie schließlich auf der Narbenseite kräftig mit einer weichen Bürste, wobei erst der richtige Glanz zum Vorschein kommt. Die Vachetten sind dann fertig.

Der Narbenglanz setzt sich zusammen aus 1 Teil Carnaubawachs und 3 Teilen Terpentinöl, beides heiß gemischt und gut verrührt. Inzwischen stellt man eine Lösung von $^1/_5$ Teil Marseilleseife in $1^1/_2$ Teil Wasser her und setzt diese der ersten Mischung zu.

Schwarze Vachetten

werden in derselben Weise hergestellt, nur tritt an Stelle des Färbens das Schwärzen. Im übrigen ist die Zurichtung dieselbe. — Werden dieselben in Mattglanz verlangt, so genügt ein Abreiben mit Wachs und nachheriges Aufbürsten. Für Hochglanz empfiehlt sich das Stoßen auf der Glanzstoßmaschine oder das Auftragen eines sogenannten Schellackglanzes, dessen Zusammensetzung wir bereits kennen gelernt haben.

Rindleder für Möbelzwecke

wird in derselben Weise hergestellt wie die vorherbeschriebenen Vachetten. Das zum Einpressen von allerhand Mustern, Monogrammen etc. bestimmte glatte Möbelleder muß sehr gut gegerbt werden und eine schöne gleichmäßige Narbe besitzen. Es wird nach dem Färben mit dem Glasreck einfach glatt gestoßen und nur auf der Fleischseite appretiert, dann getrocknet und ist schon versandbereit. — Das mit Chagrin- und Longgrain verlangte Möbelleder ist eigentlich nichts anderes als Vacheteleder und über die Herstellung desselben ist dem vorhergehenden Kapitel nichts mehr hinzuzufügen.

Die Verwendung des Leders zu Möbel- und sonstigen Dekorationszwecken hat in der letzten Zeit zur Freude der Lederfabrikanten sich immer mehr eingebürgert. Das Leder wird dazu in den verschiedensten Farbentönen und Nuancen verlangt. In besonders schwierigen Fällen kommen dem Gerber bezw. Lederfärber unsere bekannten großen Anilinfarbenfabriken gern zu Hilfe, indem sie die zur Ausfärbung eines ganz bestimmten Tones notwendigen Farbenkompositionen bereitwilligst ihren Kunden angeben.

Im übrigen verweisen wir auf die zahlreichen Farbenrezepte in der „Feinlederfabrikation".*)

Spaltleder.

Nach der epochemachenden Erfindung der Spaltmaschine blühte der deutschen Lederindustrie ein ganz neuer Fabrikationszweig und zugleich die Aussicht auf eine neue Einnahmequelle durch bessere Verwertung eines Abfallproduktes der Lederfabrikation. Mit der Spaltmaschine ist es bekanntlich möglich, eine dicke, starke Haut in zwei, ja sogar mehrere Schichten zu trennen, so daß daraus gewissermaßen zwei oder mehrere Häute entstehen. Es ergab sich

*) Verlag M. Krayn, Berlin.

damit die Möglichkeit einer außerordentlich rationellen Ausnutzung geeigneter Rohhäute. Man arbeitet die

Narbenspaltschicht zu feinem Oberleder, als **Kalb-** etc. **Lederimitation**

und die

Fleischspaltschicht zu **Wichsleder.**

Wird beabsichtigt, eine Haut auf diese Weise zu verwenden, so muß ein geeignetes, gleichmäßiggestelltes Hautmaterial ausgesucht werden. Die Auswahl derselben ist die Hauptsache, wenn man vorteilhaft spalten will.

Die **Vorarbeiten** sind genau so durchzuführen, wie bei gewöhnlichem Rindoberleder, die Häute sind gut zu wässern, dann zu kälken, am besten mit Schwefelnatrium, damit eine intensive Haarlockerung erreicht wird und schließlich im Walkfasse zu enthaaren.

Sie bekommen nun noch mehrere Tage Weißkalkäscher, werden daraus geschoren, reingemacht, d. h. gebeizt und gestrichen und schließlich in die Gerbung gebracht.

Die **Gerbung** geschieht auch nach den allgemeinen für Oberleder maßgebenden Gesichtspunkten. Es empfiehlt sich die Anfärbung in Haspelfarben, dann das Übersetzen in Hängefarben, die mit steigender Konzentration der Brühe geführt werden, bis die Häute schon gut durchgebeizt sind. In diesem Stadium erfolgt das Spalten.

Mit der Bandmesserspaltmaschine spaltet man zunächst die äußere Fleischschicht leicht ab, stößt mit dem Schlicker auf der Tafel die Haut von der Narbe gut glatt und spaltet nun die Narbenschicht ab. In der Regel genügt schon das einmalige Durchlaufen durch die Maschine, so daß ein Egalisieren des Fleischspaltes überflüssig ist. Man geht dabei jedoch nicht ganz auf die verlangte Stärke, sondern nimmt dieselbe etwas größer, weil beim Blanchieren später noch ein Span abgenommen wird.

Nach dem Spalten werden dann die beiden Spaltteile weiter ausgegerbt, und zwar entweder in Brühen oder auch in Versenken. Es eignet sich hierzu aber auch die Faßgerbung sehr gut. Als Gerbematerialien kommen hier dieselben in Betracht, die wir bei Rindoberleder als geeignet kennen gelernt haben. Es sind dies Fichten- und Eichenrinde, Quebracho, Mimosa, Myrobalanen etc., ferner Kastanien-, Quebrachoholzextrakt für Faßgerbung. Nach vollendeter Gerbung geschieht die **Zurichtung der Narbenspalte zu Feinoberleder als Imitation farbiger Feinoberleder, oder bei stärkerer**

Ware zu Schuh- und vor allem Taschenleder. Das Nähere über deren Zurichtung findet sich bei den einschlägigen Kapiteln.

Der **Fleischspalt** wird zu **Wichs** zugerichtet und zur Schuhfabrikation verwendet. Die Zurichtung dieser Spaltleder weicht im allgemeinen wenig von derjenigen gewöhnlichen braunen Oberleders ab. Die Spalte werden aus der Gerbung gut ausgewaschen, dann abwelken gelassen, mit der Falzmaschine oder dem Handfalz ev. egalisiert, dann gefettet. Dies erfolgt am besten im Schmierwalkfaß. Leder und flüssige Schmiere werden in das heizbare Faß gebracht und das letztere so lange laufen gelassen, bis das Fett eingezogen ist. Man rechnet an Fett etwa 25—33$\frac{1}{3}$ % des Ledergewichtes. Die Zusammensetzung der Schmiere ist die übliche, d. h. $\frac{1}{3}$ Tran, $\frac{1}{3}$ Talg und $\frac{1}{3}$ Degras.

Es kann natürlich auch mit der Hand geschmiert werden. Die Spalte werden aufgebreitet, das Fett in warmem Zustande aufgetragen, die Leder zusammengelegt und im Walkfasse ca. $\frac{1}{2}$ Stunde gewalkt, bis eben das Fett eingezogen ist. Dann werden die Spalte auf der Tafel zum erstenmal gestoßen, zum Trocknen aufgehängt, in halbtrockenem Zustande abgenommen, nachgestoßen und wieder aufgehängt. — Nach dem vollständigen Auftrocknen werden sie dann wieder abgenommen, auf Haufen gelegt und einige Zeit liegen gelassen, damit das Fett sich gleichmäßig verteilt. Es ist hierbei ebenfalls, besonders im Sommer, große Vorsicht geboten, damit ein Erhitzen der Häute auf dem Haufen vermieden wird. Dann folgt das Blanchieren auf der Fleischseite. Es ist hierbei große Vorsicht notwendig, damit das Eisen nicht durch die ganze Haut hindurchgeht, da der Spalt oft ziemlich dünn ausfällt, es gilt dies besonders nach der Seite und dem Halse zu. Nach dem Blanchieren werden die Spalte aufgehängt zum Trocknen, dann die zu

braun

bestimmten Spalte mit einer dicken, gut deckenden und schließenden Seifenschmiere eingeseift, wieder auf Haufen gelegt zum Durchziehen, am nächsten Tage geglast, getalkt und zum zweitenmal geglast, worauf dieselben fertig sind.

Die

schwarzen Wichsspalte

bekommen anstatt der Seifenschmiere Wichse (siehe Wichskalbleder Seite 58), die gut eingerieben wird, werden aufgehängt zum Trocknen, gut trocken gemacht und schließlich geglast. Auch hier verwendet man einen Glanz aus Leim oder Handschuhlederabfällen wie bei Wichskalbleder. Die Wichse sowohl als auch der Glanz müssen gut eingerieben werden, die Häute werden dann nochmals getrocknet und später auf der Glanzstoßmaschine gestoßen, wodurch der Glanz gleichmäßiger und intensiver hervortritt.

* * *

Derartige Fleischspalte entstehen nicht nur bei der eigentlichen Spaltlederfabrikation, sondern auch bei der Herstellung aller anderen Oberledersorten, die mit Hilfe der Spaltmaschine auf die vorgeschriebene Stärke gebracht bezw. egalisiert werden. Alle diese Spaltabfälle werden in derselben Weise zugerichtet. Es ergibt sich daraus für den Gerber eine willkommene Nebeneinnahmequelle, während früher, vor Erfindung der Spaltmaschine, diese Abfälle in das Leimleder wanderten. Zur Verbilligung der Zurichtungskosten dieser Spaltabfälle bedient man sich zur Gerbung der billigsten Gerbmaterialien wie Mangroverinden, Fichten, Myrobalanen etc. Auch sonst wird überall gesucht, die Zurichtung möglichst zu vereinfachen, es genügt meist ein einmaliges Stoßen; zum Schmieren verwendet man billige Wollfette.

Maschinenriemenleder.

Die Fabrikation dieses Artikels hat sich, der großen Entwicklung der gesamten Industrie entsprechend, bedeutend ausgedehnt. Da die Fabrikation des Maschinenriemenleders der Fabrikation des Vache- und Brandsohlleders, sowie der der technischen Ledersorten sehr nahe verwandt ist, so lassen sich diese Industrien sehr leicht verbinden. Es kann nämlich die Gerbung des Riemenleders nach den bei Vacheleder besprochenen Prinzipien durchgeführt werden. Trotzdem scheidet es von der Unterlederfabrikation aus und bildet gewissermaßen ein Zwischenglied zwischen Unterleder und Oberleder. Es wird in bezug auf Gerbung oft zwar gar kein Unterschied zwischen Unter- und Riemenleder gemacht, indem man vielfach Sohlleder ohne weiteres auf Riemenledercroupons zurichtet, doch sind dann die Sohlleder schon mehr der Riemenledergerbung sich nähernd gearbeitet, und es dürfen auch an ein solches fertiges Produkt höhere Ansprüche nicht gestellt werden.

Zu wirklichem Sohlleder gearbeitete Häute eignen sich nicht zu Treibriemenleder. Die Anforderungen, welche man an ein gutes Riemenleder stellen muß und welche mit dem Fortschreiten der Technik stets größer werden, sind ganz anderer Art, als solche an Sohlleder gestellt werden. Es müssen dem Riemenleder in der Gerbung schon Eigenschaften beigebracht werden, welche durch bloßes Fetten der Sohlleder nicht zu erzielen sind.

Maschinenriemenleder muß bedeutende Widerstandsfähigkeit gegen Zerreißen und Brechen besitzen, es muß Festigkeit mit Elastizität in sich vereinen, dazu trotzdem einen gewissen Grad von Biegsamkeit besitzen, um sich gut an die Scheiben anlegen zu können, also hinreichende Friktion ausüben und diese Eigenschaften auch beibehalten. Die Notwendigkeit also, für die Herstellung eines derartigen Treibriemenleders eine besondere Art der Gerbung einzuschlagen, wird jedem denkenden Fachmann einleuchten, eine solche wird denn auch in den renommierten Riemenlederfabriken durchgeführt.

Die erste Hauptbedingung zur Herstellung eines guten Riemenleders ist ein geeignetes Rohmaterial. Riemenleder verlangt eine gleichmäßig starke, gut gestellte, nicht abfällige schnittreine Haut, am besten eignet sich die Ochsenhaut, zu geringeren Sortimenten die Bullenhaut.

Wässern, Weichen und Äschern.

(Siehe auch das Allgemeine über diesen Abschnitt.)

Die größtenteils gesalzen in den Handel kommende Ware wird gut aufgeweicht und von Salz und Schmutz gereinigt. Dem Kälken fällt ebenfalls nur in der Hauptsache die Haarlockerung zu, und die Zeitdauer ist möglichst kurz zu bemessen, weshalb sich die Verwendung von Schwefelnatrium und anderen schnell wirkenden Enthaarungsmitteln empfiehlt.

Die Milde des Riemenleders durch langes Äschern erzielen zu wollen, würde ein großer Fehlgriff sein, diese muß auf ganz anderem Wege erreicht werden, als auf dem des Äscherns — und zwar durch die Gerbung — da dies Übelstände im Gefolge haben würde, die durch kein Zurichten mehr zu heilen sind.

Die zweckmäßigste Methode zur Haarlockerung ist die mittelst Schwefelnatrium, und man nimmt pro 1 kg Grünhaut 4 g Schwefelnatrium oder bei einem

Durchschnittsgewicht von 40 kg grün 160 g pro Haut, welche in ca. 4 Liter heißem Wasser gelöst und mit 4 Liter frisch gelöschtem und verdünntem Kalkbrei vermischt werden, der aus 860 g fettem, trockenem Kalk hergestellt wird.

Dieser Schwödebrei wird auf die Haarseite gebracht, mit dem Besen gleichmäßig verteilt und die Haut wie beim Salzen zusammengefaltet. Nach einigen Stunden ist die Haut vollständig haarlassend, wenn dieselbe in einem nicht zu kalten Raume gelagert war.

Die Enthaarung erfolgt am besten im Walkfaß bei Zu- und Abfließen von Wasser, wenn möglich von lauwarmem. Wo dieses nicht angängig, werden die Häute in einem Bassin mit warmem Wasser tüchtig abgespült und dann auf dem Baum enthaart, wobei der Arbeiter Gummihandschuhe anlegt oder in Petroleum getränkte Lappen um die Hand bindet.

Nach dem Enthaaren kommen die Häute auf 3—5 Tage, je nach Jahreszeit und Wasserverhältnissen, in frischen Weißkalk, bis sie eine üppige Fülle als Vorbedingung genügender Elastizität zeigen.

Reinmachearbeiten.

Neben der zweckmäßigen Enthaarung ist auch auf ein sorgfältiges Reinmachen zu sehen, denn diese Ledersorte verlangt neben der guten inneren Qualität auch ein gefälliges Aussehen, insbesondere eine glatte, gleichmäßig helle, möglichst milde, dabei aber gut an den Kern anschließende Narbe. Auf die meisten dieser Eigenschaften muß schon bei der Reinmacharbeit hingewirkt werden. Das Enthaaren mittelst Schwefelnatrium in angegebener Weise gewährleistet schon große Vorteile vor den im Äscher behandelten Häuten. Bei den ersteren ist nämlich, wenn solche dann im Walkfaß bei zufließendem warmen Wasser enthaart werden, damit schon eine Reinigung der Narbe verbunden und wird beim Putzen, d. h. der Entfernung der stehen gebliebenen Haare, die Narbe nur noch von diesen gründlich zu reinigen sein. Die gekälkten Häute kommen in frisches Wasser, damit sie etwas aufgehen, was für das nun folgende Scheren von Vorteil ist.

Es folgt nun das Scheren.

Nach dem Scheren werden die Häute 20—25 Minuten im Walkfaß bei zulaufendem warmen Wasser laufen gelassen, um sie aus dem Kern weich zu machen. Sie gelangen dann zum Glätten.

Nach dem Glätten erfolgt ein intensives Auswässern der Häute, wobei dieselben vom Kalk und dem Rest vorhandenen Schmutzes gereinigt werden. Auch die durch die Haarlockerungs- und Enthaarungsprozesse gelösten Eiweißkörper müssen dabei entfernt werden, da solche sonst häufig Veranlassung geben zu Störungen und Unregelmäßigkeiten im Farbengang.

Die Dauer des Wässerns richtet sich nach der Jahreszeit, dei Temperatur und der Beschaffenheit des Wassers, sowie auch darnach, ob stehendes oder fließendes Wasser verwendet wird. Bemerken müssen wir hierbei, daß die Verwendung fließenden Wassers stets größeren Verlust an Hautsubstanz im Gefolge hat und wir daher prinzipiell Gegner derselben sind. Die Häute bedürfen dann keinerlei Beize, das Beizen fällt also gänzlich fort.

Die ausgewässerten Häute werden noch gestrichen, abgespült und gelangen in die Farbe.

Das Anfärben.

Das Treibriemenleder, in bezug auf Gerbung — wie bereits erwähnt — ein Mittelding zwischen Unter- und Oberleder, bedarf eines äußerst vorsichtig geleiteten Gerbprozesses. Es soll ein gutes Aufgehen und Vollwerden der Häute erzielt werden, aber nicht auf Kosten der Elastizität, es muß jene Steifheit oder starre Festigkeit wie bei Sohlleder vermieden werden, die Hautfasersubstanz darf keinerlei einschneidende Veränderung erfahren. Die Eigenschaften, welche beim Sohlleder verlangt werden, sind beim Riemenleder geradezu schädlich, weil steife Fasern leicht reißen und noch leichter brechen, ihre Elastizität also verloren haben.

Bei starkem Äschern ist ein Heben der Haut sehr leicht zu erreichen, aber das Leder wird dadurch bedeutend minderwertiger: wir werden jedoch auch ohnedies Mittel und Wege finden, das nötige Aufgehen und Heben zu erreichen, ohne daß die Textur Schaden erleidet.

Bekanntlich besitzt die rohe Haut den höchsten Grad von Zähigkeit, Widerstandskraft gegen Abnützen und Zerreißen in dem für Treibriemen erforderlichen Sinne; je mehr sich dieselbe durch die Manipulationen der Vorbereitungen und durch das Gerben selbst von ihrer natürlichen Beschaffenheit entfernt, desto mehr gehen von ihren Tugenden für die Verwertung als Treibriemen verloren.

Die Angerbung der Riemenleder erfolgt in ähnlicher Weise, wie wir dieses bei den Unterledern kennen gelernt haben, nur mit dem Unterschied, daß weder die Brühen, noch der ganze Inhalt der Gefäße bewegt oder gar in Haspelfarben angefärbt werden sollen. Da beim Riemenleder auf Festigkeit und Stand im ganzen Verlauf der Operationen hingewirkt werden muß, so soll jede heftigere Bewegung, welche eine Lockerung der Häute bewirken könnte, von denselben ferngehalten werden. Viel Treiben und Haspeln macht oft selbst Oberleder zu lose und ist das Angerben in Einhängefarben unbedingt vorteilhafter gegenüber den Haspel- und Treibfarben, und zwar sowohl in bezug auf Stand der Häute als Schönheit der Narbe. Einhängefarben sind für die Herstellung eines gut gestellten Riemenleders deshalb von großer Wichtigkeit.

Der Farbengang.

Der Farbengang ist dem der Vacheleder ähnlich.

In der ersten Farbe bleiben die Blößen 1 Tag, die Brühe läßt man fortlaufen, die Häute werden dreimal aufgeschlagen und am anderen Morgen in die nächst höhere Farbe gebracht. In dieser und in den folgenden Farben verbleiben die Leder je zwei Tage, jeden Tag dreimal und in den Farben 3, 4 und 5 zweimal, in den Farben 6—10 täglich nur einmal aufnehmend.

Von der 5. Farbe an erhalten die Häute beim jedesmaligen Umsetzen eine Verstärkung der Brühe, und zwar benutzt man dazu die Auslaugebrühen von der Lohe aus den Versenken, sowie steigende Mengen frischen Materials.

Die 10. oder letzte Farbe wird frisch angestellt zu $^3/_4$ aus Sauerbrühe, zu $^1/_4$ Brühe aus dem 2. Versenke.

Bei diesem Farbengang werden die Farben fortgesetzt nicht unerheblich verstärkt, und es ist dadurch erklärlich, daß die 10. Farbe mit soviel Sauerbrühe angesetzt werden konnte; die angefärbten Häute erhalten aber in den ersten Farben eine stärkere Angerbung, und eine solche Haut widersteht besser den schwellenden Einflüssen der Säuren, welche aber auch hier bis zu einem gewissen Grade erwünscht sind, indem die angewendete Sauerbrühe eine Hebung herbeiführen soll. Es sind natürlich nicht unbedingt 10 Farben erforderlich. Die Anzahl derselben richtet sich vielmehr nach dem Betriebe und muß der Gerber demgemäß seine Maßregeln treffen. Es beträgt die Stärke der Farben bis zu 15° Bark., wonach sich die übrigen Farben dann regeln. Das Weitere darüber ist in Band I bei Vacheleder beschrieben.

Das Crouponieren.

Das Crouponieren der Riemenleder geschieht gewöhnlich aus den Farben, die Croupons werden in der Regel mit edleren Gerbmaterialien weiter gegerbt und die Seiten und Hälse mit billigem Gerbmaterial zu Vachelederabfall gearbeitet.

Das Schneiden der Croupons richtet sich nach der Stellung der Haut. Man rechnet durchschnittlich 55% Croupon und 45% Abfall. Es kann aber auch der Abfall viel schmäler geschnitten werden, was natürlich die Qualität des Croupons beeinträchtigt.

Versenke.

Nach dem Farbengang erhalten die Riemenleder zwei Versenke. — Die Brühe des ersteren besteht zu 3 Teilen aus solcher vom gebrauchten Versatzmaterial, und zu 1 Teil aus von frischem Material gewonnenen Extrakt. Die Stärke beträgt ca. 15° Bark. Als Streumaterial ist am besten Eichenrinde, man kann derselben jedoch auch etwas Fichtenrinde, aber fein gemahlen, oder etwas Quebrachoholz beimischen. Eichenrinde ist jedoch allem vorzuziehen.

Der erste Versenk bleibt 14 Tage stehen.

Der zweite Versenk wird aus ½ Sauer- und ½ frischer Brühe angesetzt, Stärke 18—20 Bark.

Die Menge des Streumaterials ist in beiden Versenken dieselbe, nämlich ca. 6 kg Eichenrinde oder 6 kg Fichtenrinde. Der zweite Versenk steht drei Wochen.

Sätze.

Die nun folgende Ausgerbung geschieht in der Grube, nur dürfen hier keine zu starken Abtränkbrühen benutzt werden, um eine so intensive Gare, wie solche beim Sohlleder sehr erwünscht ist, zu verhindern, denn solche ist dem Riemenleder nicht zuträglich.

Als Streumaterial bewährt sich auch hier Eichenlohe am besten, es kann jedoch auch Fichtenlohe und Quebracho benutzt werden.

Alle gerbstoffhaltigen Materialien, wie Valonea, Knoppern, Myrobalanen, Divi-Divi sind jedoch — sofern man ein erstes Fabrikat herstellen will — in größeren Mengen nicht zu empfehlen. Valonea höchstens etwas im letzten Satz zur Erhöhung der Festigkeit der Croupons.

Die Menge des Streumaterials in den Sätzen hängt von dem Grade der Angerbung der Häute ab. Die letzteren sind meistens bereits vom Gerbstoff durchdrungen und läßt der Schnitt schon die volle Textur des Hautfasergewebes erkennen, trotzdem die angewandten Brühen nicht stark genannt werden können. Aber ein gleichmäßiges Durchdringen muß stattgefunden haben, die Leder müssen jetzt auch gut gehoben sein und können dann auch nicht mehr zurückfallen.

Man rechnet pro Croupon ca. 10 kg Streumaterial für jeden Satz und für ganze Häute 15 kg. Die Abtränkbrühe ist ca. 20° Bark. stark und besteht zu 1/3 aus Sauerbrühe, zu 2/3 aus frischer, und es ist angebracht — damit die Leder nicht zu fest zu stehen kommen — während des Streuens gleichzeitig abzutränken, indem die Brühe durch den Pfaffen zugeführt wird und beim Streuen von unten nach oben nachsteigt.

Die Zurichtung.

Die erste Arbeit, welche jetzt mit den Riemenledern vorgenommen werden muß, ist das Befreien von der überschüssigen Säure durch das sogenannte „Auswaschen“, welches heute meist in der bekannten Weise im Walkfaß geschieht.

Ein großer Teil der Riemenlederfabrikanten ist der Ansicht, daß es für die in stärkerer Brühe gegerbten Häute vorteilhaft sei, solche vor dem Auswaschen vollständig trocken zu machen, d. h. kühl zu trocknen (damit kein Oxydieren stattfinden kann), weil beim Gerben in schweren Brühen der Gerbstoff nicht so fest an der Faser haftet, wie dies bei der Grubengerbung der Fall ist. Durch Auftrocknen und einiges Lagern soll der Gerbstoff an die Hautfaser besser gebunden und infolgedessen der Verlust an Gerbstoff beim Auswaschen verringert werden.

Nachdem die Croupons nun, sei es im Walkfaß oder mit Stein, Bürste und Schlicker, oder mit beiden genügend ausgewaschen sind, werden dieselben gefettet und zwar, falls die Fettung auf kaltem Wege vorgenommen werden soll, zunächst gut abgewelkt und von der Fleischseite mit einer Mischung von 2 Teilen Talg und 1 Teil Tran nicht zu stark geschmiert.

Die Narbenseite bekommt eine weniger steife Schmiere. Alsdann wird der Croupon in einem warmen Raum aufgehängt und etwas angetrocknet, und zwar soviel, bis das Fett eingezogen ist. Dann wird derselbe nochmals von der Fleischseite leicht geschmiert und auf einer breiten Tafel von der Narbenseite gestoßen.

Dieselbe wird abgeölt und der Croupon aufgehängt; wenn derselbe wieder soweit angetrocknet ist, daß er an der Narbe teilweise wieder licht wird, wird der Croupon von der Aasseite mit einer Lösung bezw. Abkochung von Caragheenmoos und einer Kleinigkeit Ton ausgerieben und nachgestoßen, hierauf die Narbe sauber abgewaschen und mit Leinöl etwas abgerieben. Dann hängt man wieder auf und macht die Croupons ziemlich trocken. Damit dieselben glatt bleiben, schichtet man sie auf Haufen auf und preßt sie tüchtig zusammen. Wenn sie glatt genug sind, werden sie geglast und völlig getrocknet. Vielfach wiederholt man aber auch das Stoßen erst noch einmal,

Das Schmieren bezw. Einfetten der Croupons kann auch — und zwar besser — im Walkfaß bezw. heizbaren Schmierfaß geschehen. Hierzu werden dieselben ebenfalls abgewelkt, und ist es auch gut, wenn die Croupons in einem ziemlich warmen Raume abgewelkt werden, damit sie gleichzeitig zur Fettaufnahme entsprechend vorbereitet werden. Ehe man die Croupons nun ins Schmierfaß bringt, feuchtet man die Kanten etwas an und walkt sie dann bei ca. 40° C einige Minuten zuerst trocken, schüttet dann das Quantum Fett, welches für einen mittleren Croupon ca 4 Pfund = 2 kg beträgt, hinein und walkt solange, bis das Fett vollständig in das Leder eingedrungen ist.

Nach dem Fettwalken müssen die Croupons in einem Trockenraume bei mindestens 30° C genügend und rasch getrocknet werden. Würde man in einem weniger warmen Raume trocknen, so käme es oft vor, daß das Fett nicht bis in das Innerste des Leders eindringt und die Außenseite des Leders oft dunkel oder gar scheckig aussähe. Der Kernpunkt für das Gelingen der ganzen

Operation liegt aber hier in der richtigen Vorbereitung, resp. dem entsprechenden Trockengrade der zu schmierenden Leder und dem nötigen Wärmegrade im Walkfaß. Je höher die Temperatur im Walkfaß, mit um so festeren Fettstoffen kann das Leder geschmiert werden und um so festeren Griff wird das fertige Fabrikat zeigen. Natürlich muß dennoch alles sich in gewissen Grenzen bewegen. Das Fett darf niemals im Walkfasse erstarren, sondern muß fortwährend im geschmolzenen bezw. flüssigen Zustande verbleiben, denn nur dadurch ist ein intensives Eindringen des Schmierfettes gewährleistet.

Wird z. B. zum Teil mit Stearin oder Paraffin gefettet, so muß das Walkfaß auf 40—50° R gehalten werden, bei Talg und Tran genügen schon 30—35° R.

Unter einem heizbaren Walkfasse ist nicht ein solches zu verstehen, wo man direkt Dampf einströmen läßt, um es mit nasser Hitze zu sättigen, sondern das Heizen des Schmierwalkfasses muß mit einer trockenen Hitze geschehen, gleichviel auf welche Art diese erzeugt wird.

Ob nun trockene Hitze h i n e i n g e t r i e b e n oder h i n e i n g e z o g e n wird, die Hauptsache ist, daß das Faß auch während des Schmierens geheizt werden kann, damit während der Walkoperation keinerlei Abkühlung des Leders und des Fettes stattfindet.

Das S c h m i e r e n d e r R i e m e n c r o u p o n s ist ganz etwas anderes als das Schmieren von Oberleder, da die Croupons ein starkes, steifes Leder darstellen, welches sich nicht so zusammenlegt und faltet, wie letzteres, weshalb die Croupons auch im Fasse nicht direkt mit dem Fett durchgeschlagen werden, wie dieses bei Oberleder der Fall ist. Man bezweckt dies auch gar nicht, da man sonst die Croupons unnötigerweise weich machen würde. Das Walken der Croupons mit Fett soll mehr eine Verteilung desselben auf dem Leder herbeiführen und erst in zweiter Linie ein mäßiges, leichtes Hineinarbeiten des Fettes in das Leder erzielt werden. Die meiste Schmiere wird daher auch mit den Croupons aus dem Walkfaß herausgeholt. Nach dem Herausnehmen werden dieselben dann auf Haufen gelegt, Narbe auf Narbe, und so einen Tag liegen gelassen, wobei, da Fett und Leder noch ziemlich warm sind, das aufsitzende Fett noch teilweise in das Leder eindringt. Das übrige, auf der Oberfläche erstarrte Fett wird am folgenden Tage beim Aufhängen nochmals auf dem Croupon verrieben und zieht der größte Teil dann noch beim Trocknen in das Innere des Leders hinein.

Die auf diese Art geschmierten Croupons entsprechen keineswegs durchgefetteten bezw. durchgebrannten Ledern. Es wird dies dabei auch, nicht beabsichtigt, es sei denn, daß man den Croupons durch die Fettung ein höheres Gewicht geben will, was man auf diesem Wege aber nur selten erreichen dürfte. Es ist vielmehr schon ein gutes Resultat, wenn die Lederfaser durch und durch etwas Fett bekommen hat, damit diese zäher, im Schnitte auch fester wird und nicht das losere Aussehen hat, wie vielfach eingebrannte Croupons zeigen.

Das Fetten im Walkfaß ist durchaus keine leichte Operation. Es gehört Erfahrung und Umsicht dazu, da eben die Croupons im Walkfaß nicht gut fallen, sondern ihrer Steifheit halber sich förmlich rollen. Es werden für Riemenlederfabriken deshalb auch die Schmierfässer sehr breit gebaut, damit die Leder sich nicht in dem Fasse steifen können, da es sonst vorkommen kann, daß Croupons nach ½ stündigem Walken während des langsamen Zufließens des flüssigen warmen Fettes sich derart zusammenlegen, daß kein Fett dazwischen kann.

Es hat sich daher auch als empfehlenswert herausgestellt, das Fett nicht zuzugießen, sondern vorher auf die Croupons aufzutragen, und zwar nur auf die Aasseite, da die Narbenseite beim Walken immer noch genug bekommt. Das Schmieren soll jedoch nur in warmen Räumen bei ca. 20° R vorgenommen werden.

Nach dem schnellen Trocknen im warmen Raume werden die gut trockenen Croupons in lauem, aber nicht zu warmem Wasser langsam aufgeweicht. Würden die Croupons in warmem Wasser eingeweicht, so würde infolge der Wärme das Fett an die Oberfläche herantreten, wodurch erstens dem Kern die so notwendigen Fetteile entzogen und andernteils das Äußere des Leders zu dunkel werden würde. Sind die Croupons vollständig durchgeweicht, dann wird mit einem scharfen Schlicker die Aasseite abgesetzt, mit Wasser und scharfer Bürste ausgerieben und gestoßen, und zwar entweder mit der Maschine oder mit der Hand, dann abgewelkt und nachgestoßen.

Vor dem Nachstoßen wird die Aasseite mit einer Mischung Caragheenmoos, Ton und etwas Farbe oder Gerbstoffextrakt zum Gelbabtönen, oder auch mit aufgelöster Stärke und Mehlpappe zwecks besseren Haftens an der Tafel und zur Erzielung einer glatten Aasseite ausgerieben.

Nach dem Nachstoßen werden die Croupons aufgehängt, aber nicht ganz trocken gemacht, sondern noch etwas feucht abgenommen und glatt auf Haufen geschichtet zum Pressen. Nach 1—2 Tagen werden sie wieder aufgehängt und ganz ausgetrocknet, alsdann wie Vacheleder leicht angefeuchtet und gewalzt.

Das Einbrennen.

Der eingebrannte Riemencroupon wurde lange Zeit gern gekauft, erst in neuerer Zeit hat die Nachfrage nach solchem bedeutend nachgelassen und zwar lediglich aus dem Grunde, weil kaltgeschmiertes Leder eine geschmeidigere, geschlossenere und zähere Lederfaser hat, was man vom eingebrannten Leder nicht immer sagen kann. Es liegt auch in der Natur der Sache, daß die Hautfaser durch Imprägnieren mit kochendem Fett an Zähigkeit verlieren muß. Der einzige Vorteil dabei ist, daß man mehr Fett in das Leder hineinbringen, also ein höheres Gewicht erzielen kann und daß die ganze Manipulation des Fettens viel einfacher und leichter zu bewerkstelligen ist, als das umständliche Schmieren im Walkfaß.

Es gibt zwei Arten des Einbrennens, das sogen. **Durchbrennen** und das **Helleinbrennen.** Bei dem letzteren Verfahren soll das Leder wohl auch mit flüssigem, heißen Fett imprägniert, aber dennoch die Narbenseite hell erhalten werden.

a) Das Durchbrennen.

Nach dem Auswaschen und Glattstoßen wird die Narbe mit Leinöl abgerieben und der Croupon erst in gelinder Wärme getrocknet; zuletzt geht man aber zu ganz hohen Wärmegraden über. Scharfes Austrocknen ist für das Einbrennen unbedingt erforderlich, das Leder muß möglichst wasserfrei sein. Wäre das Leder beim Einbrennen innerlich noch feucht, dann würde durch das heiße Fett die Feuchtigkeit plötzlich in Dampf verwandelt und durch diesen das Leder, je nach dem Feuchtigkeitsgrade, d. h. je nach der Menge des im Leder vorhandenen Wassers, mehr oder weniger verbrannt oder zumindest in der Faser gesprengt.

Das Einbrennen muß in einem Raume von möglichst hoher Temperatur vorgenommen werden, auch muß das Leder selbst gut durchwärmt sein, damit das heiße Fett im Leder nicht zu schnell erstarrt, sondern dieses gut zu durchdringen vermag.

Zum Einbrennen wird gewöhnlich Talg genommen, doch setzt man auch, um höhere Festigkeit zu erzielen, oder um mangelnder Festigkeit desselben nachzuhelfen, Stearin, Paraffin, Wachs oder auch feste Harze, wie z. B. Kolophonium bis zu 1/3 des Fettquantums zu.

Zum Einbrennen unbedingt erforderlich sind also folgende Einrichtungen: Ein sehr warmer Raum, eine Tafel, auf welcher das einzubrennende Leder ganz aufliegen kann; neben der Tafel entweder ein Ofen, auf welchem das Fett beständig heiß gehalten wird, welches der großen Feuergefährlichkeit halber aber nicht zu empfehlen, sondern dem ein doppelwandiger Kessel mit Dampfheizung vorzuziehen ist. Auf der entgegengesetzten Seite der Tafel befindet sich ein Wasserbehälter, am besten mit Zu- und Abfluß eingerichtet und hinreichend groß, um Croupons flach einlegen zu können. Zum Auftragen des heißen Fettes auf das Leder benutzt man langsträhnige Bürsten von Tuchstreifen etc., welche einen langen Griff oder Stiel haben.

Man legt nun beim Einbrennen die Croupons, Narbe nach unten, auf die Tafel und trägt das mindestens ca. 70° R heiße Fett auf die Fleischseite auf und zwar so, daß die stärkeren Partien stets etwas mehr bekommen. Sobald man bemerkt, daß das Fett bis auf die Narbe durchgedrungen ist, wirft man den Croupon in das nebenstehende kalte Wasser, wodurch das Fett im Leder sofort erstarrt und infolgedessen nicht weiter nach der Narbe zu durchdringen kann.

Selbstverständlich muß das Wasser immer kalt gehalten werden. Wenn eine größere Partie Leder eingebrannt ist, muß das Wasser, da es warm geworden ist, erneuert werden, oder es muß eine Vorrichtung getroffen sein, daß vom Boden aus ein stetiger Kaltwasserzufluß stattfindet, so daß das erwärmte Wasser oben ablaufen muß.

b) Das Helleinbrennen.

Bei diesem Verfahren wird das Leder vor dem Einbrennen auf der Narbe mittelst eines Schwammes leicht mit Wasser angefeuchtet, um ein Durchlagen des Fettes zu verhindern; natürlich darf nur wenig und sehr vorsichtig angefeuchtet werden, damit die Nässe nicht in den Kern dringt. Ist dies vermieden, so ist dieses Verfahren ganz empfehlenswert und ein Verbrennen des Leders so leicht nicht zu befürchten, weil das Fett, ehe es an die

Narbe kommt, schon ziemlich abgekühlt ist. In der feuchten Narbe erstarrt das Fett dann noch vollständig und kann nicht durchschlagen. Bei der angefeuchteten Narbe erkennt man das Vordringen des Fettes bis unter die Narbenschicht an kleinen hellen Pünktchen; sobald sich solche zeigen, ist der Croupon sofort ins kalte Wasser zu bringen.

Eine zweckmäßig scheinende Einbrennvorrichtung wird wie folgt beschrieben*): Eine Tafel wird mit Stoffdecken, die größer als der Croupon sein müssen, überzogen und obenauf eine Flanelldecke oder Barchend gespannt. Das Ganze muß eine weiche Polsterung darstellen. Das Kissen wird nun mit kaltem Wasser getränkt und stets gut naß gehalten. Der gut angewärmte, also zum Einbrennen vorbereitete Croupon wird dann auf das Kissen aufgelegt und schnell eingebrannt. Ist der Croupon glatt wie eine Tafel, so dringt das kalte Wasser aus dem Kissen in die Narbe des Leders ein, und zwar besonders immer an den Stellen, wo man ihn durch das Auftragen des Fettes gegen das Kissen drückt. Sobald das Fett an das Wasser vorgedrungen ist, erstarrt es.

Es muß aber bei diesem Verfahren so schnell wie möglich eingebrannt werden, da sonst entweder zu viel Wasser in das Leder übergeht und dann nicht genügend Fett aufgenommen werden kann, oder das Wasser — wenn die Narbenseite nur schwach angefeuchtet war — verdunstet und das Fett doch ganz durchdringt.

Die weitere Zurichtung.

Zur weiteren Zurichtung werden die Croupons in kaltem Wasser geweicht und dann im Walkfaß tüchtig trocken durchgeschlagen, event. wird auch durch Krispeln mit dem Zahnholze im Kern nachgeholfen. Das Walken und Krispeln hat den Zweck, das Fett, welches durch das Leder strahlenförmig durchgegangen ist, feiner um die Fasern zu verteilen, also erst die Faser richtig zu fetten. Nachdem das Leder nun vollständig aufgeweicht ist, wird von der Aasseite das anhaftende Fett abgestoßen, die Croupons werden sauber ausgerieben, gestoßen usw., wie dieses bei den im Schmierfaß geschmierten Ledern besprochen worden ist.

Anstatt die eingebrannten Croupons in reinem Wasser zwecks weiterer Bearbeitung zu weichen, empfiehlt es sich, dieselben in schwache klare Gerbstoffbrühen auf 2—4 Tage einzulegen. Die Leder behalten dabei eine schönere Lederfarbe.

*) Deutsche Gerberzeitung, 155, 1903.

Aus der Grube aufgetrocknete Croupons — wie solche vielfach von Zurichtereien und Riemenfabriken verarbeitet werden — werden zunächst auf der Narbe mit Wasser angefeuchtet, damit beim Walken kein Narbenbruch entstehen kann, dann 15—20 Minuten gewalkt und bis zur gänzlichen Erweichung gekrispelt. Die gekrispelten Croupons werden hierauf gestoßen, zum Austrocknen und Erwärmen in der Einbrennstube aufgehängt, eingebrannt und dann weiter bearbeitet, wie vorhin angegeben.

Nachtrag.

Für die Oberlederfabrikation kommt statt der reinen vegetabilischen Gerbung die Kombinationsgerbung mit vegetabilischen und mineralischen Gerbstoffen zu gleicher Zeit in immer steigendem Maße in Betracht. Ja, man kann sagen, daß in Zukunft wohl jedes Leder nach den Methoden der Kombinationsgerbung hergestellt werden wird, da es auf diese Weise gelingt, dem Leder Eigenschaften zu verleihen, die mit keiner einzelnen Gerbart erreicht werden können.

Da in diesem Teil des Handbuches nur die vegetabilische Gerbung berücksichtigt werden sollte, so werden alle Interessenten verwiesen auf den später erscheinenden letzten Teil des Werkes „Die Eisen- und Alaungerbung“, in welchem die modernen Lederbereitungsmethoden mit Kombinationsgerbung ausführlich beschrieben werden sollen.

Anhang.

Noch einige Glänze, Appreturen etc. für die Oberleder-Fabrikation.

a) Glänze.

Man löst 1½ Pfund schwarzes Pech in 7 Liter Benzin, welchem man 800 g Terpentin zugesetzt hat. — Noch besser und geschmeidiger ist folgende: 3,8 Liter Leinöl, ½ Pfund gebrannte Umbra und ¼ Pfund Asphalt werden zusammengemischt. Der Asphalt kommt mit etwas Öl in ein Kupfergefäß und wird durch Erhitzen über einer heißen Platte oder sonst einer passenden Einrichtung, wobei das Gefäß nicht über das direkte Feuer kommt, gelöst, dann wird Umbra mit Öl verrieben und diese Mischung mit dem Asphalt vermengt. Zuletzt wird der Ölrest zugesetzt. Diese Mischung wird nun noch ½ Stunde gekocht, langsam abkühlen gelassen und mit so viel Terpentinöl verdünnt, bis man die erforderliche Konsistenz erhalten hat.

In 10 l Wasser werden 3 Pfund Handschuhleder-Abfall zwei Stunden gekocht, worauf man filtriert und der Abkochung unter fortwährendem Umrühren ½ l Leinöl, ¼ l Glyzerin und ¼ Pfund in Wasser gelösten Zucker und eine Messerspitze voll Nigrosin zusetzt. Ist der Glanz zu dick, so wird er durch Wasser verdünnt, soll er lebhafter werden, so vergrößert man das Quantum Zucker und rührt event. noch etwas Gelatine hinein. An Stelle des Wassers kann man auch Bier oder Essig nehmen, wodurch der Glanz noch haltbarer wird. Aufgetragen wird er mittelst eines weichen Schwammes, der vorher gut gereinigt und ausgedrückt ist.

In einer Ammoniaklösung, die durch Auflösen von Ammoniak in gleichem Gewichtsteil Wasser hergestellt wird, wird fein verriebener weißer Käse aufgelöst. Nach Eindampfen dieser Lösung erhält man eine Masse, die sich wegen ihrer Kleb- und Deckkraft zum Glänzen eignet.

60 Teile weiße Kernseife werden in 500 Teilen Wasser eingeweicht. Desgleichen werden in einem anderen Geschirre 60 Teile Tischlerleim in 500 Teilen Wasser über Nacht geweicht. Am andern Tag kocht man jede Lösung für sich, gibt die erstere Lösung zu der zweiten, setzt 15 Teile Wachs und 10 Teile Kienruß zu und läßt das Ganze nochmals aufkochen. Dieser Wachsglanz wird dünn aufgetragen und eignet sich vorwiegend für Geschirrleder.

In 500 Teilen bestem Weingeist löst man 40 Teile Schellack, außerdem 10 Teile Sandarak und 5 Teile Mastix in der gleichen Weise auf, mischt alles zusammen und setzt schließlich noch etwas Nigrosin zu.

Man schlägt von 8 Eiern das Weiße zu Schnee, mischt ¼ kg Rindsblut und ¼ kg Leinöl darunter und vermengt alles mit soviel warmem Blauholzabsud, bis dasselbe eine etwas schwächere Konsistenz erreicht hat und der Glanz gut steht. — Man verwendet diesen Glanz viel zu wenig gefetteten feineren Ledern, z. B. Kalb- und Ziegenleder.

b) Mattglänze.

30 Teile Leinöl werden mit 3 Teilen gelbem Bienenwachs vermischt, indem man alles über Feuer erhitzt und dann unter Umrühren erkalten läßt. Man trägt den Glanz mit einem Flanelllappen auf und reibt das Leder gut ab. — Dieser Glanz eignet sich besonders für Kalbfelle.

In 2 Teilen Kopallack löst man 2 Teile weißes Bienenwachs und gibt 8 Teile Terpentinöl zu. Das Wachs muß in dem Kopallack über dem Feuer gelöst werden, wonach unter stetem Umrühren das Terpentinöl nach und nach zugesetzt wird. — Dieser Glanz ist gut zu Roß-, Kalb- und Blankleder zu verwenden.

Einen weiteren matten Glanz auf schwarze Leder erhält man durch Mischung von 2¼ kg weißer Seife, 2 kg Butter, 1 kg Knochenöl und 14 l Wasser. Dieser namentlich für Luxus-, insbesondere für Ziegenleder, sehr vorteilhafte Glanz wird sehr vorsichtig mit einem Schwamm aufgetragen. Derselbe gibt dem Leder nicht nur einen schönen Glanz, sondern macht es auch schön weich und voll im Griff.

c) Wichsen.

Man verrührt 3 kg feinen Kienruß mit soviel Leinöl, daß man einen krausen Brei erhält, setzt diesem 1 Ochsengalle, 2 l Eisenschwärze, etwas Tinte und 5 kg geschmolzenen Kerntalg zu. Das Ganze wird verrührt, bis es erkaltet ist. Eignet sich speziell für Spalt.

---

20 Teile Leinöl, 40 Teile Olivenöl, 15 Teile Talg, 4 Teile Kienruß, 8 Teile Eierklar, 2 Teile Alkohol, 0,010 Teile Ammoniak, werden zusammen gemischt. Man rührt den Kienruß in das Leinöl, setzt das Olivenöl, den geschmolzenen Talg, das Eierklar und zuletzt das Ammoniak zu. Diese Wichse, die sogenannte französische, ist sehr gut, kommt aber leider etwas teuer und dürfte sich deshalb nur für ganz feine Sachen verwenden lassen.

---

300 g Vergolderleim, 300 g Talg und 100 g prima Seife werden mit soviel Wasser zusammengekocht, daß das Ganze nach dem Erkalten eine Gallerte bildet. Es muß bis zur völligen Erkaltung gerührt werden. Dieser Glanz eignet sich sehr gut als erster Glanz bei Wichsleder.

Die sogenannte englische Wichse stellt man wie folgt her: 50 Teile Wasser, 3 Teile Gummiarabikum, 6 Teile Seife und 0,200 Teile Anilinschwarz werden in der Weise zusammengemischt, daß man erst das Wasser bis zum Kochen erhitzt und die andern Bestandteile dann zusetzt. In einem zweiten Gefäße schmilzt man 50 Teile Lebertran mit 6 Teilen Gelbwachs zusammen und setzt der noch warmen Mischung 6 Teile Langenschwarz und 2 Teile Glyzerin zu. Beide Lösungen werden nun noch warm zusammengebracht und bis zum Erkalten gut durcheinander gerührt. Es empfiehlt sich auch, der Wichse etwas Pottaschenseife zuzusetzen, um ein Streifigwerden der Felle zu vermeiden.

d) Seifenschmieren.

Von 20 l Wasser nimmt man ein Liter, kocht darin ½ kg isländisches Moos, seiht durch, setzt die Lösung dem Ganzen zu, wärmt die Mischung, löst darin 1 kg Kernseife auf, fügt ½ kg Talg, 160 g gelbes Wachs und ca. 1 kg Helltran zu, kocht solange bis alles gelöst ist, rührt tüchtig durch und läßt allmählich erkalten. Das Ganze muß eine zähe, dicke Masse sein.

15 l Wasser werden mit 1 kg Seife gekocht, dann 500 g Gummitragant und 5 g Gummiarabikum, sowie etwas heller Tran oder Degras zugesetzt. Gummitragant und Gummiarabikum müssen vorher in Wasser aufgelöst sein.

Man löst in 2 Liter Wasser durch Kochen 120 g Seife, 60 g Pottasche, 400 g gelbes Wachs, 150 g Kandiszucker, 60 g Gummiarabikum, 100 g Talg und 200 g Tran. Zuerst wird der Gummi aufgelöst, dann setzt man die Pottasche zu, hierauf die Seife, dann das Wachs, den Zucker und endlich den Talg und Tran. Mit dem Kochen wird solange fortgefahren, bis das Ganze eine gleichmäßige Masse geworden ist, die bis zum Erkalten noch gut durchgerührt werden muß.

e) Aasschmieren.

In einem Gefäße rührt man 3 l Wasser mit 1½ kg Talkum zusammen, in einem andern kocht man 10 l Wasser mit 250 g isländischem Moos und 60 g Seife, seiht letztere Lösung durch und mischt beide zusammen. Damit diese Schmiere nicht zu blaß, sondern mehr lederfarben aussieht, setzt man noch etwas Catechu-Abkochung hinzu. Diese Aasschmiere eignet sich sehr gut für Zaumleder, ebenso die folgende.

---

100 g Tragant und 60 g Stärke löst man in je einem Gefäße unter Wärme mit ½—1 Liter Wasser auf; sobald alles gelöst ist, bringt man die Lösungen zusammen, setzt 100 g Stearin, 50 g Borax und 100 g Talkum zu und rührt unter Zugießen von Wasser gut durch, bis die Mischung erkaltet ist und eine teigähnliche Masse bildet.

Diese Schmieren dürfen nicht zu dick aufgetragen werden.

FSC
www.fsc.org
MIX
Papier | Fördert
gute Waldnutzung
FSC® C083411

Kolibri 360 GmbH
Ferdinand-Jühlke-Straße 7
99095 Erfurt, Deutschland
produktsicherheit@kolibri360.de